全国电力职业教育系列教材
职业教育电力技术类专业培训用书
电力职业技术教育教学改革系列教材

U0662123

金工实习

**电力职业技术教育教学改革系列教材
建设委员会**

主　任　张效胜

副主任　李启涛　张　伟

委　员　杨立久　苏庆民　王庆民　王焕金

　　　　杨新德　朱正堂　侯仰东　郭光宏

　　　　高洪雨　孙奎明　蔡卫敏　马明礼

本书编写　李　滨　夏洪亮　田京军

主　审　赵福军　马元忠

中国电力出版社
CHINA ELECTRIC POWER PRESS

内 容 提 要

本书为全国电力职业教育系列教材。

本书以钳工、机械加工和焊接的基本操作为核心，将理论知识、技能操作要领、安全技术等要素进行重新整合，突破传统的金工实训教学授课模式，以模块化形式构建金工实训教学体系，并在各模块后附有思考题和技能训练。本书主要内容包括钳工基本知识、量具与测量、划线、錾削、锉削、锯削、钻孔、扩孔、锪孔和铰孔、攻螺纹与套螺纹、刮削、机械加工和焊接等基本操作模块。

本书可作为中等职业院校非机械类专业金工实习的教材，也可作为钳工技能鉴定和工人培训用书，还可供有关专业工程技术人员学习和参考。

图书在版编目（CIP）数据

金工实习/李滨，夏洪亮，田京军编. —北京：中国电力出版社，2009.9（2023.8重印）

全国电力职业教育规划教材

ISBN 978－7－5083－9215－8

Ⅰ.金… Ⅱ.①李…②夏…③田… Ⅲ.金属加工－实习－职业教育－教材 Ⅳ.TG-45

中国版本图书馆 CIP 数据核字（2009）第 128874 号

中国电力出版社出版、发行

（北京市东城区北京站西街 19 号　100005　http://www.cepp.sgcc.com.cn）
三河市百盛印装有限公司印刷
各地新华书店经售

*

2009 年 9 月第一版　2023 年 8 月北京第十一次印刷
787 毫米×1092 毫米　16 开本　10.25 印张　244 千字
定价 32.00 元

前 言

为了贯彻落实党的十七大精神和《国务院关于大力发展职业教育的决定》，进一步深化中等职业教育教学改革，提高教育质量和技能型人才培养水平，编者根据《教育部关于进一步深化中等职业教育教学改革的若干意见》和《教育部关于制定中等职业学校教学计划的原则意见》，在认真总结现阶段金工实训经验的基础上编写了本书。

本书准确把握理论知识在教材建设中"必需、够用"且具有足够技能实训内容的原则，以钳工为主，穿插进行机械加工和电焊实习。本书注重钳工内容的讲述，旨在为专业实习打下一个良好的基础，以培养学生钳工基础操作的综合能力为目标，有效地开展对学生实际操作技能的训练与职业能力的培养。本书内容涵盖了国家职业标准对初、中级钳工理论知识和技能的要求。

本书主要具有以下特点：

（1）本书采用模块化形式编写，各个模块相互独立，一种技能一个模块，重点突出，主题鲜明，具有良好的弹性和拓展性，教师可不按本教材所编排顺序，而根据教学需要自行安排，教与学自主性加强。每个模块包括基本知识、操作要领、安全技术、思考题和技能训练等内容，突出培养学生的劳动观念、安全意识、职业道德和动手能力，重视对各项操作的技能训练，使理论与实习密切结合。

（2）各个模块中都有实训要求，在教师讲授和示范完毕后，同学们再进行实训，这样有利于同学们掌握技能，实现了理论与实践教学一体化，更能调动学生的主观能动性，重点培养学生的实践技能。

（3）本书注重对每种钳工技术操作方法的提炼和讲解，使学生能明确操作方法和步骤，便于学生学习和掌握。

（4）该课程与职业技能鉴定相结合，使学生通过系统的学习及培训，可直接考取钳工职业资格证书。

本书由山东省电力学校李滨、夏洪亮和田京军编写。具体分工如下：田京军（模块一、模块二、模块四、模块五），李滨（模块三、模块八第一节和第二节、模块十、模块十一）、夏洪亮（模块六、模块七、模块八第三节和第四节、模块九、模块十二）。全书由李滨统编定稿。

在本书的编写过程中，得到了山东省电力学校王焕金、姚传志、韦高升、陈宝祥等领导和老师的支持和帮助，在此表示感谢。

本书由保定电力职业技术学院赵福军和重庆电力技师学院马元忠主审。主审老师提出了许多宝贵的意见和建议，在此表示感谢。

由于编者水平所限，书中不妥之处在所难免，恳请广大读者批评指正。

编 者
2009 年 6 月

目 录

钳 工 基 本 知 识

教 学 目 标

1. 了解钳工工作内容、掌握钳工的各项基本操作；
2. 了解钳工在机械制造中的作用、特点和应用；
3. 正确认识钳工工作的重要性，认真对待钳工实习；
4. 熟悉钳工实习场地的规章制度及安全、文明生产要求。

第一节 概　　述

机器设备都是由若干零件组成的，而大多数零件是用金属材料制成的。随着科学技术的发展，一部分机器零件已经能用精密铸造、冷挤压等方法制造，但绝大多数零件还需要进行金属切削加工。通常是经过铸造、锻造、焊接等加工方法先制成毛坯，然后再经过车、铣、刨、磨、钳、热处理等加工制成零件，最后将零件装配成机器。所以，一台机器设备的生产，需要许多工种的相互配合来完成。现在许多繁重的工作已被机械加工所代替，但是还有许多精度高、形状复杂零件的加工及设备的安装、调试和维修都是机械加工难以完成的，这些工作仍需钳工精湛的技艺来完成。

一、钳工的定义

使用钳工工具、钻床等，以手工操作为主，对金属材料进行加工，完成零件的制作及机器的装配、调试和修理的工种称为钳工。

二、钳工的特点

钳工具有以下特点。

（1）加工灵活。在不适合机械加工的场合，尤其是在机械设备的维修工作中，钳工加工可获得满意的效果。

（2）可加工形状复杂和高精度的零件。技术熟练的钳工所加工的零件有时比现代化机床加工的还要精密、光洁和复杂，如高精度量具、样板和形状复杂的模具等。

（3）投资小、方便灵活。钳工加工所用的工具和设备价格低廉、携带方便。

钳工的缺点是生产效率低、劳动强度大、加工质量不稳定，其加工质量的高低受工人技术熟练程度的影响较大。

三、钳工的主要任务

（1）划线：对金属切削加工前的零件划出加工界线。

（2）加工零件：对采用机械方法不太适宜或不能解决的零件以及各种工、夹、量具和专用设备等的制造，要通过钳工来完成。

（3）装配：将机械加工好的零件，按机械的各项技术精度要求进行组装、部装和总装配，并经过调整、检验、试车等，使之成为一台完整的机械设备。

（4）设备维修：对机械设备在使用过程中出现损坏、产生故障或长期使用后失去使用精度的零件，要通过钳工来进行维护和修理。

（5）创新技术：为了提高劳动生产率和产品质量，不断进行技术革新，改进工具和工艺，也是钳工的重要任务。

总之，钳工是机械制造工业中非常重要的工种。

四、钳工种类

随着工业技术的发展，钳工的工作范围越来越广，工作内容和技术要求不断增多和提高，钳工的工作范围也日益扩大，需要掌握的技术理论知识和操作技能也越来越复杂。于是产生了专业性的分工，以适应不同工作的需要。按工作性质来分，钳工主要分三类。

（1）装配钳工：主要从事机器或部件的装配和调整以及零件的钳工加工工作。

（2）机修钳工：主要从事各种机器设备的维修工作。

（3）工具钳工：主要从事模具、工具、量具及样板的制作。

在电力建设和生产中，电力设备的安装、正常的设备检修和临时的设备缺陷的处理等，都是由电力安装钳工和电力检修钳工完成的。在电力建设和生产现场中，根据炉、机、电三大系统又分为锅炉安装钳工、锅炉检修钳工；汽轮机安装钳工、汽轮机检修钳工；电气安装钳工、电气检修钳工等。尽管钳工这个工种分工越来越细，但是，凡从事钳工工作的技术工人，要胜任本职工作，不仅要学习专业知识而且应熟练地掌握钳工基本操作。

五、钳工基本操作技能

钳工基本操作技能主要包括测量、划线、錾削、锉削、锯割、钻孔、扩孔、锪孔、铰孔、攻螺纹与套螺纹、矫正和弯曲、铆接、刮削、研磨及简单的热处理等（见图1-1）。

不论哪种钳工，首先都应掌握好钳工的各项基本操作技能，然后再根据分工不同，进一步学习掌握好零件的钳工加工及产品和设备的装配、修理等技能。钳工技能要求加强基本技能练习，严格要求，规范操作，多练多思，勤劳创新。基本操作技能是进行产品生产的基础，也是钳工专业技能的基础，更是下一步专业实习的基础。因此，必须熟练掌握，才能在今后工作中逐步做到得心应手、运用自如。

钳工基本操作项目较多，各项技能的学习掌握又具有一定的相互依赖关系，因此要求我们必须循序渐进，由易到难，由简单到复杂，一步一步地按要求掌握每项操作。基本操作是技术知识、技能技巧和力量的结合，要"巧干"而不要"蛮干"，不能偏废任何一个方面。要自觉遵守纪律，吃苦耐劳，严格按照每个项目的操作要求进行操作。只有这样，才能很好地完成钳工训练。

第二节　钳工的常用设备及工作场地

一、钳台（钳桌）

钳台是钳工专用的工作台。台面上安装有台虎钳和安全网，也可放置工具、工件、图样等（见图1-2）。一般在台虎钳左边放置量具（如卡尺、千分尺等），右边放置各种刀具（如锉刀、锯弓、手锤等），台虎钳的正前方为各种样板（如角度样板、畸形样板等）。钳台多为木质、铁质或铁木混合结构，高800～900mm，长度和宽度可根据工作需要而定。安装好的台虎钳，一般应使钳口高度恰好齐人手肘为宜（见图1-3）。

划线

测量

錾削

刮削

锯割

锉削

钻孔

套螺纹

攻螺纹

锪孔

铆接

矫正、弯曲

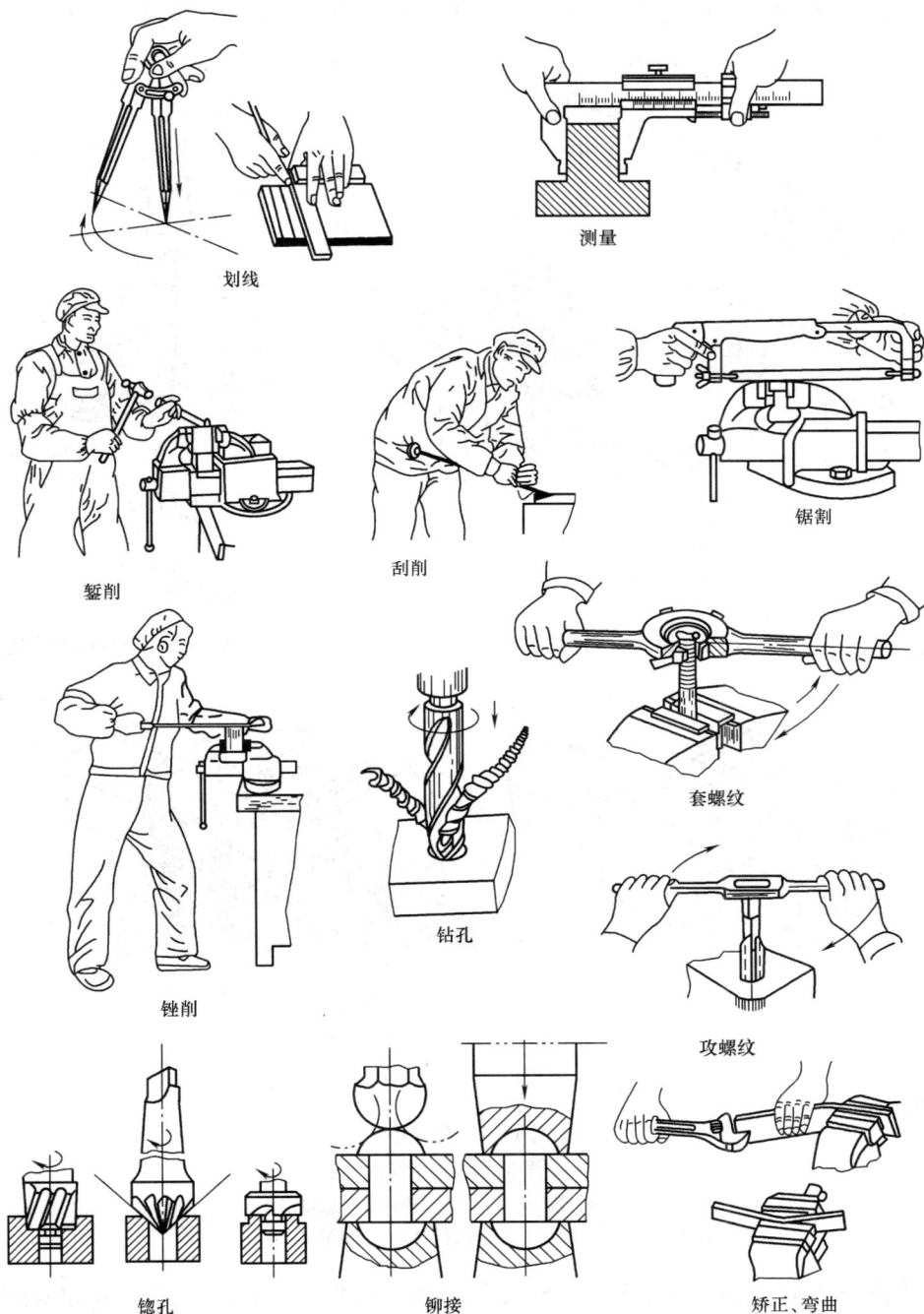

图 1-1 钳工的基本操作

二、台虎钳

台虎钳（见图1-4）简称虎钳，是用来夹持工件的一种设备。有固定式和回转式（活动式）两种结构类型。台虎钳的规格以钳口的宽度表示，有 100、125、150、200mm 等。

（1）固定式台虎钳的构造。固定式台虎钳的主体是铸铁制成的，主要由活动钳身、固定钳身、丝杠、丝杠螺母、施力手柄、弹簧、挡圈、销、钳口、螺钉、转座、锁紧手柄、夹紧盘等组成。

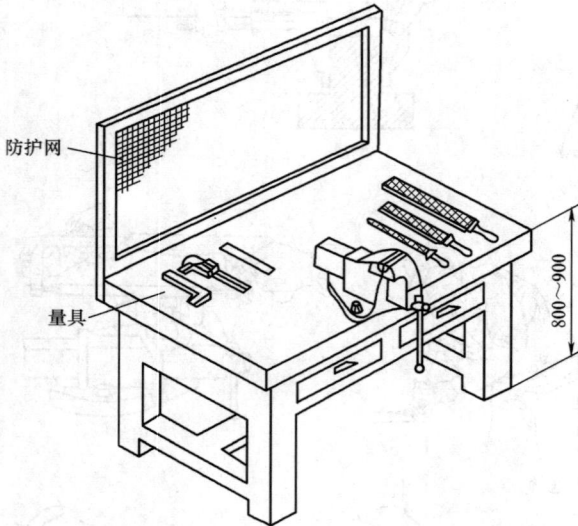

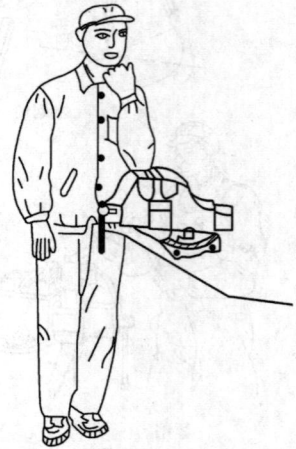

图 1-2　钳台（钳桌）　　　　　　　　　图 1-3　台虎钳的高度

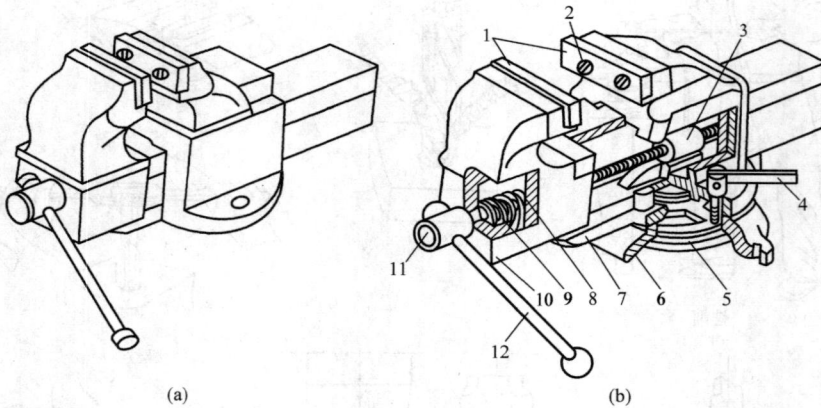

图 1-4　台虎钳

（a）固定式；（b）回转式

1—钳口；2—螺钉；3—螺母；4、12—手柄；5—夹紧盘；6—转盘座；
7—固定钳身；8—挡圈；9—弹簧；10—活动钳身；11—丝杠

（2）回转式台虎钳的工作原理。回转式台虎钳的活动钳身通过导轨与固定钳身的导轨孔做滑动配合。丝杠安装在活动钳身上，可以旋转，但不能轴向移动，并与安装在固定钳身内的丝杠螺母配合。当摇动手柄使丝杠旋转，就可带动活动钳身相对于固定钳身做进退移动，起到夹紧或放松工件的作用。弹簧借助挡圈和销固定在丝杠上，其作用是当放松丝杠时，可使活动钳身能及时退出。在固定钳身和活动钳身上各装有钢质钳口，并用螺钉固定，钳口的工作面上制有交叉的网纹，使工件夹紧后不易产生滑动，且钳口经过热处理淬硬，具有较好的耐磨性。固定钳身装在转座上，并能绕转座轴心线转动，当转到要求的方向时，扳动手柄使夹紧螺钉旋紧，便可在夹紧盘的作用下将固定钳身固紧。转座上有三个螺栓孔，用以通过螺栓与钳台固定。

（3）台虎钳的使用和保养。

1）固定钳身的钳口工作面应处于钳台边缘。安装台虎钳时，必须使固定钳身的钳口工作面处于钳台边缘以外，以保证夹持长条形工件时，工件的下端不受钳台边缘的阻碍。

2）必须把台虎钳牢固地固定在钳台上。工作时两个夹紧螺钉必须扳紧，保证钳身没有松动现象，以免损坏台钳和影响加工质量。

3）只允许用手的力量扳紧手柄，不能用手锤敲击手柄或套上长管子扳手柄，以免丝杠、螺母或钳身因受力过大而损坏。

4）施力应朝向固定钳身方向。强力作业时，应尽量使力量朝向固定钳身，否则丝杠和螺母会因受力过大而损坏。

5）不允许在活动钳身的光滑平面上进行敲击作业，以免降低活动钳身与固定钳身的配合性能。带砧座的虎钳，只允许在砧座上用手锤轻击工件。

6）应保持丝杠清洁，螺母和其他活动表面应经常加润滑油，保证台虎钳使用灵活。

7）工作结束后，应取下工件，清理、擦拭台虎钳。并要求钳口保留一定间隙（5～10mm），手柄垂直向下。

三、砂轮机

砂轮机是用来刃磨錾子、钻头、刀具和其他工具的设备，也可以用来修磨工件和材料上的毛刺、锐边、氧化皮等。

（1）砂轮机的构造（见图1-5）。砂轮机由电动机、砂轮、机体（机座）、托架和防护罩组成。砂轮由磨料与黏结剂等黏结而成。

（2）砂轮机的使用要求。

1）砂轮转动要平稳。砂轮质地较脆，工作时转速很高，使用时用力不当会发生砂轮碎裂，造成人身事故。因此，安装砂轮时一定要使砂轮平衡，装好后必须先试转3～4min，检查砂轮转动是否平稳、有无振动与其他不良现象。砂轮机启动后，应先观察运转情况，待转速正常后方可进行磨削。

2）砂轮的旋转方向应正确，以使磨屑向下方飞离砂轮。使用砂轮时，要戴好防护眼镜。在同一砂轮片上，禁止二人同时使用。使用时，严禁围着砂轮机谈笑打闹。

3）不能站在砂轮的正面磨削。磨削时，工作者应站立在砂轮的侧面或斜侧位置，不能站在砂轮的正面。

4）磨削时施力不宜过大或撞击砂轮。磨削时，不要使工件或刀具对砂轮施加过大压力或撞击，以免砂轮碎裂。

5）应保持砂轮表面平整。要经常检查砂轮表面是否平整，发现砂轮表面有严重跳动时，应及时修整。

6）砂轮机的托架与砂轮间的距离一般应保持在3mm以内，以免磨削件扎入而使砂轮破裂。

7）应定期检查砂轮有无裂纹、两端螺母是否锁

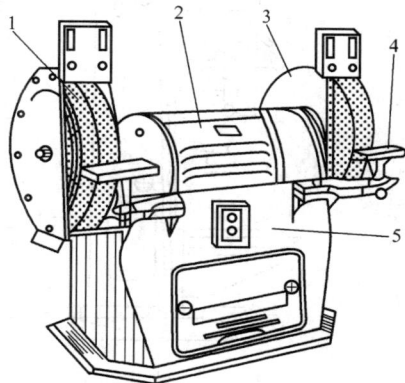

图1-5　砂轮机
1—砂轮；2—电动机；3—防护罩；
4—托架；5—砂轮机座

紧。使用过程中，如果发现异常现象，应立即停机。使用完毕后，应立即切断电源。

四、钻床

钻床主要用来加工各类圆孔。钳工常用的钻床有台式钻床、立式钻床、摇臂钻床等。

（1）台式钻床。台式钻床简称台钻（见图1-6），是一种在工作台上安放的小型钻床，其钻孔直径一般在16mm以下。台钻小巧灵活、使用方便、结构简单，主要用于加工小型工件上的各种小孔。它在仪表制造、钳工和装配中应用较多。

（2）立式钻床。立式钻床简称立钻（见图1-7），是主轴箱和工作台安置在立柱上、主轴垂直布置的钻床。与台钻相比，立钻刚性好、功率大，因而允许钻削较大的孔，生产效率较高，加工精度也较高。立钻适用于单件、小批量生产中加工中小型零件。其最大钻孔直径有25、35、40、50mm等。该类钻床还可以进行扩孔、铰孔、攻螺纹等。

（3）摇臂钻床。摇臂钻床（见图1-8）有一个能绕立柱旋转的摇臂，摇臂带着主轴箱可沿立柱垂直移动，同时主轴箱还能在摇臂上横向移动。因此操作时能很方便地调整刀具的位置，以对准被加工孔的中心，而不需移动工件来进行加工。摇臂钻床适用于一些笨重的大工件及多孔工件的加工。其最大钻孔直径有63、80、100mm等。

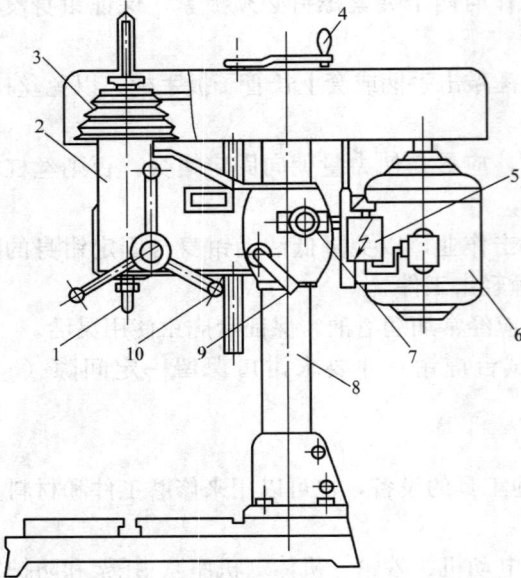

图1-6　台式钻床

1—主轴；2—机头；3—皮带轮；4—摇把；5—接线盒；
6—电动机；7—螺钉；8—立柱；9—锁紧手柄；
10—进给手柄

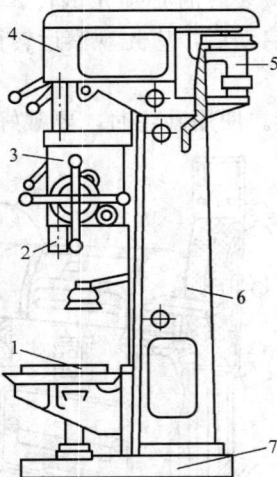

图1-7　立式钻床

1—工作台；2—主轴；3—进给箱；4—主轴变速箱；
5—电动机；6—立柱；7—底座

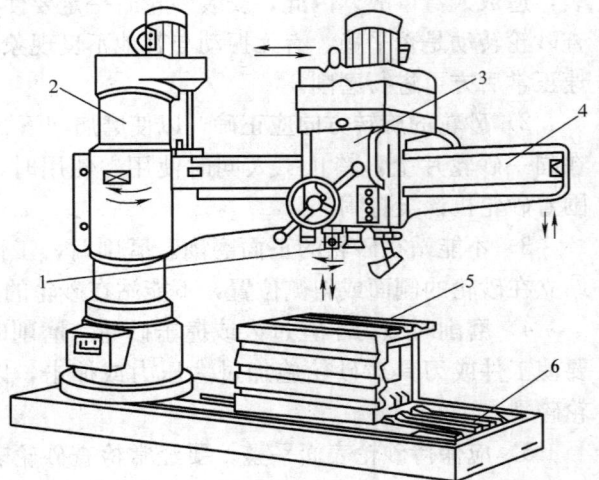

图1-8　摇臂钻床

1—主轴；2—立柱；3—主轴变速箱；
4—摇臂；5—方工作台；6—底座

第三节　钳工的常用工具和量具

一、钳工常用的工具

钳工基本操作中，常用的工具有锉刀、錾子、手锯、划针、样冲、划规、钻头、铰刀、锪钻、丝锥、板牙、铰杠、板牙架、刮刀、手锤等（见图1-9）。

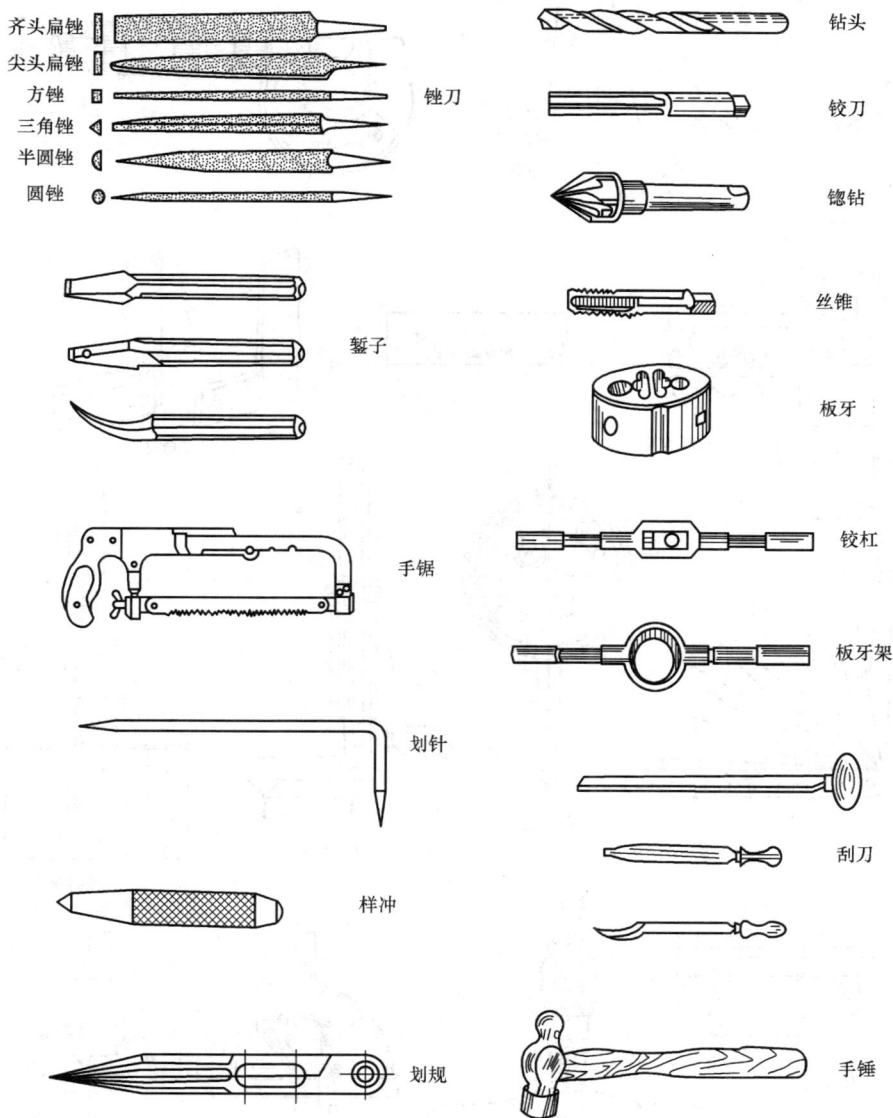

图1-9　钳工常用的工具

二、钳工常用的量具

钳工常用的量具有钢尺、内外卡钳、百分尺、游标卡尺、直角尺、塞尺、百分表、高度游标尺、深度游标尺、刀口尺、深度百分尺、万能角尺等（见图1-10）。

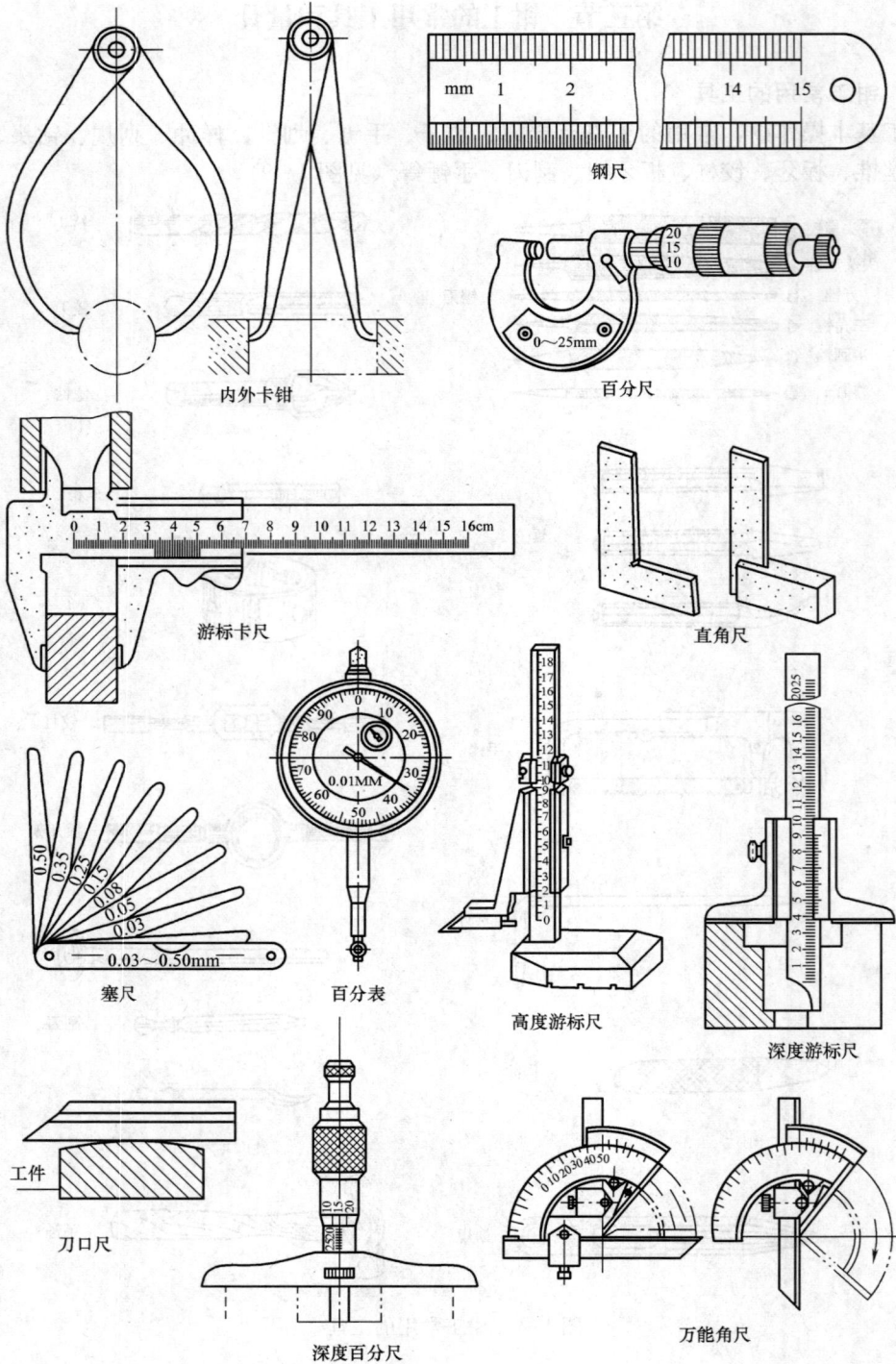

钢尺

百分尺

内外卡钳

游标卡尺

直角尺

塞尺

百分表

高度游标尺

深度游标尺

工件

刀口尺

深度百分尺

万能角尺

图1-10 钳工常用的量具

第四节　钳工一般安全技术

　　人的生命是宝贵的。我们在实习中，首先要确保自己和他人的人身安全，要注意自我保护，不使自己的身体受到伤害，同时也要保护别人。学会遇到危险时进行自救和救助别人。要有安全意识，时刻处处都要考虑安全因素。当然也要注意钳工工具、量具、设备的安全。对工具、量具、设备进行规范操作是保证人身安全的前提，也是实习顺利进行的重要保证。

　　安全技术的措施是多方面的，必须认真学习和严格遵守有关的规章制度和各项安全操作规程。

　　（1）钳台要放在便于工作和光线适宜的地方；钻床和砂轮机一般应放在场地的边缘，以保证安全。

　　（2）使用机械设备（如钻床、砂轮、手电钻等）和工具时，要经常检查，发现损坏不得使用，需要修好再用。

　　（3）台虎钳夹持工件时，不得用锤子锤击台虎钳手柄或以钢管施加夹紧力。

　　（4）使用电动工具时，要有绝缘保护和安全接地措施。使用砂轮机时，要戴好防护眼镜。在钳台上进行錾削操作加工时要有防护网。

　　（5）钳工台应保持清洁，毛坯和加工零件应放置在规定的位置，排列整齐、安放平稳，要保证安全、便于取放，以避免碰伤已加工的表面。

　　（6）钻孔、扩孔、铰孔、锪孔、攻螺纹、套螺纹时，工件一定要夹牢，加工通孔时要把工件垫起或让刀具对准工作台槽。

　　（7）使用钻床时，不得戴手套，不得拿棉纱操作。更换钻头等刀具时，要用专用工具，不得用锤子击打钻夹头。

　　（8）实习时应穿戴好工作服和防护用品。女同学应戴工作帽。

　　（9）清理加工中产生的铁屑与粉尘不能用嘴吹，应用毛刷清扫。

　　（10）禁止在实习场地内乱扔东西、打闹等，以防伤人。

　　以上所述都是作为一名钳工必须掌握的基本知识。

思　考　题

1-1　钳工的主要操作技能有哪些？

1-2　简述台虎钳的构造及使用注意事项。

1-3　钳工安全技术有哪些要求？

技　能　训　练

拆　装　台　虎　钳

一、工作准备

（1）钳工桌。

（2）台虎钳。

（3）工具类：螺丝刀、活络扳手、钢丝刷、毛刷、油枪、润滑油、黄油等。

二、工作步骤

1. 拆台虎钳

拆卸顺序：转动手柄→活动钳身→销钉→挡圈→弹簧→螺母→钳口→手柄

2. 清理部件

把拆下的各个工件清洗干净，对丝杠、螺母等活动表面润滑。

3. 装台虎钳

按与拆卸相反的顺序装好台虎钳。

特别提示：

（1）活动钳身将要卸下时，要用左手托住，以免钳身掉落到地面损伤或砸脚。

（2）安装钳口时，要用螺丝刀拧紧螺钉。如果拧不紧，台虎钳在使用时易损坏钳口和螺钉，也会使工件夹不稳。

（3）安装螺母时，要用扳手拧紧。如果拧不紧，在用力夹工件时，易使螺母毁坏。

4. 清理工作现场

量 具 与 测 量

教 学 目 标

1. 了解量具和测量的概念及作用；
2. 掌握游标卡尺刻线原理及读数方法；
3. 精密量具使用中的注意事项和维护保养知识；
4. 培养训练学生的思维、观察能力和模仿动手能力。

第一节 概 述

在生产过程中，用来测量各种工件的尺寸、角度和形状的工具，称为量具。测量就是被测量参数与标准量具进行比较的过程。

钳工在制作零件、检修设备、安装和调试等各项工作中，都需要用量具来检查加工的尺寸是否合乎要求。在钳工基本操作训练中，被测量的参数主要有尺寸、角度、平面度、平行度等。因此，熟悉量具的结构、性能及其使用方法，是技术工人保证产品质量、提高工作效率必须掌握的一项技能。

一、量具种类

钳工常用的量具种类很多，其用途和结构也不相同。由于在生产中，对工件的精度要求不同，量具也有不同的精度，一般可分为以下几种。

（1）普通量具。这类量具的测量精度较低，如钢板尺、钢折尺、直角尺、内外卡钳、刀口尺等。

（2）精密量具。这类量具的测量精度较高。在测量范围内，可以测量零件和产品形状及尺寸的具体数值，如游标卡尺、千分尺、百分表、万能量角器等。

（3）标准量具。这类量具只制成某一角度或尺寸，通常是用来校对和调整其他量具的，也可以作为标准与被测零件进行比较，如块规等。

二、长度计量单位

一般工业上所用的长度计量单位，有米（m）、分米（dm）、厘米（cm）、毫米（mm）、丝米（dmm）、忽米（cmm）、微米（μm）。在机械制造工业中，米制单位以毫米为基本单位（见表 2-1）。例如，1.2m 写为 1200mm，2.4dm 写为 240mm，1.8cm 写为 18mm，等等。

表 2-1　　　　　　　　　　　法定长度计量单位

单 位 名 称	代 号	对基准单位的比	单 位 名 称	代 号	对基准单位的比
米	m	基准单位	丝米②	dmm	0.0001m
分米	dm	0.1m	忽米②	cmm	0.000 01m
厘米	cm	0.01m	微米	μm	0.000 001m
毫米①	mm	0.001m			

① 在机械图纸中不标注单位名称的，均为"毫米"。

② 丝米、忽米不是法定计量单位。工厂里常用忽米，俗称"丝"或"道"，1 丝＝0.01mm。

在实际工作中，有时还会遇到英制尺寸。英制单位名称及进位关系如下：

$$1 英尺 = 12 英寸（12''），1 英寸 = 8 英分$$

$$1\frac{1}{2} 英尺写成 18 英寸，3 英分写成 \frac{3}{8} 英寸$$

为方便起见，可将英制尺寸换算成米制尺寸。因为 1 英寸 = 25.4 毫米，所以英制尺寸（英寸）乘上 25.4mm 就可以了。

【例 2 - 1】　$\frac{3}{8}$ 英寸等于多少毫米？

解　$25.4 \times \frac{3}{8} = 9.525$（mm）

【例 2 - 2】　150 毫米等于多少英寸？

解　$150 \div 25.4 = 6$（英寸）

第二节　钳工常用普通量具

钳工常用的普通量具有钢板尺、钢折尺、直角尺、内外卡钳、刀口尺等。

一、钢尺

钢尺是测量零件长、宽、高、深、厚等的量具。其测量精度为 0.3～0.5mm。钢尺（见图 2 - 1）一般分钢板尺、钢卷尺、钢折尺。其刻度一般分英制和公制两种。钢尺的规格由长度分有 150、300、500、1000、2000mm 等。钢卷尺常用的有 1000、2000mm 等，尺上的最小刻度为 0.5mm 或 1mm。

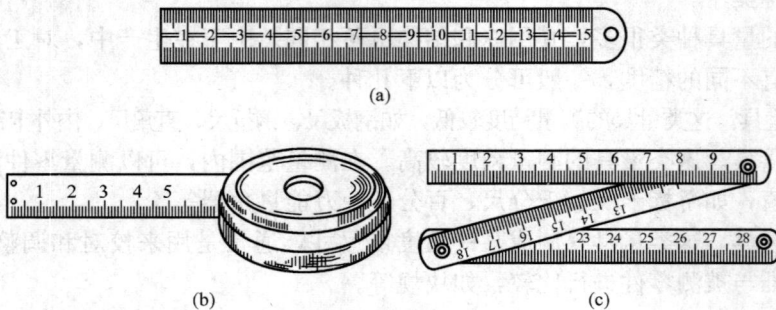

图 2 - 1　钢尺
(a) 钢板尺；(b) 钢卷尺；(c) 钢折尺

钢板尺在使用中不能损伤或弯曲。使用钢板尺测量尺寸时，钢板尺端边零线必须与工件边缘重合。如果零线不清楚或有损伤时，可以用 10mm 刻度线作为起点。为了使钢板尺稳妥放置，应用拇指贴靠在工件上（见图 2 - 2）。读数时，视线应与钢尺面垂直。

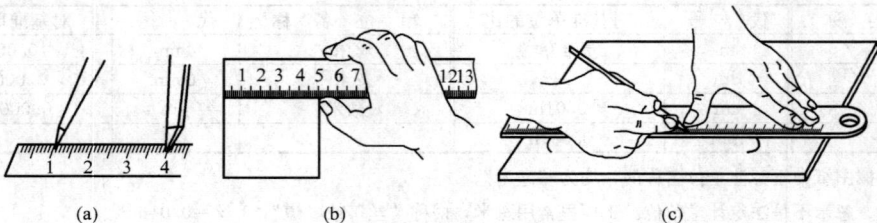

图 2 - 2　钢板尺的使用
(a) 量取尺寸；(b) 测量工件；(c) 划直线

二、直角尺

直角尺是用来检验工件相邻两个表面的垂直度。直角尺在划线时常用做划垂直线或平行线的导向工具，也可用来找正工件平面在划线平台上的垂直位置。钳工常用的直角尺一般分整体式和组合式两种（见图 2-3）。整体直角尺是用整块金属制成，而组合直角尺是由尺座和尺苗两部分组成。直角尺的两边长短不同，长而薄的一边叫尺苗，短而厚的一边叫尺座。有的直角尺在尺苗上带有尺寸刻度。

用直角尺检验零件外角度时，使用直角尺的内边；检验零件的内角度时，使用直角尺的外边，且角尺的放置应正确（见图 2-4）。

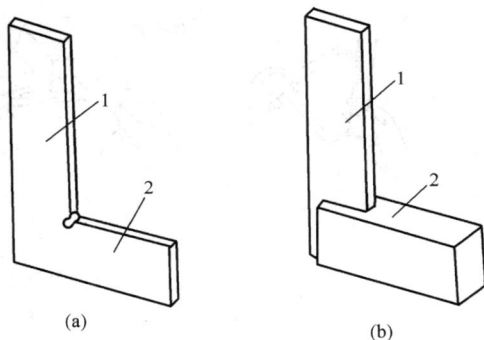

图 2-3 直角尺
(a) 整体式；(b) 组合式
1—尺苗；2—尺座

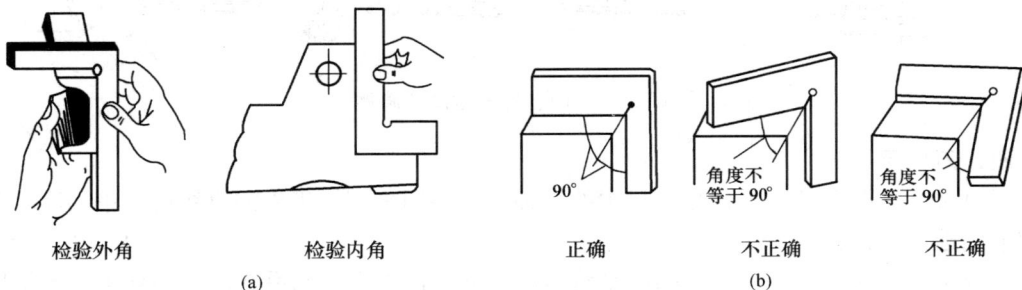

图 2-4 用直角尺检验工件内外角及角度尺的放置位置
(a) 检验内外角；(b) 角度尺的放置位置

当直角尺一边贴住零件基准面时，应轻轻压住，然后使直角尺的另一边与零件被测表面接触，根据透光的缝隙判断零件相互垂直面的垂直精度。直角尺的放置位置不能歪斜，否则测量不正确（见图 2-5）。

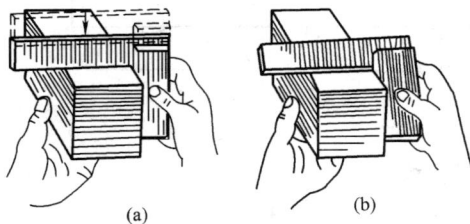

图 2-5 用 90°角尺检查工件垂直度
(a) 正确；(b) 不正确

三、卡钳

卡钳分内卡钳和外卡钳两种，卡钳是一种间接测量工具，是配合通用长度测量工具（如卡尺、直尺、千分尺等）对物体尺寸进行测量的工具（见图 2-6）。主要用于普通测量工具不方便测量的场合。外卡钳用于测量外径、平行面等；内卡钳用于测量孔的内径、凹槽等。

用卡钳测量工件尺寸，是靠手指的灵敏感觉来取得准确的数据，因此，在测量时，先将卡钳掰到与尺寸相近似，然后轻敲卡钳的内、外侧（见图 2-7），来调整卡脚的开度。调整时，不可在工件表面上敲击，以免损伤工件表面和卡脚。测量工件外部尺寸时，将调好卡脚开度的卡钳通过工件表面（借助卡钳自身的重量而垂直向下），手指有摩擦的感觉。测量工件内部尺寸时，将卡脚插入槽内或孔内，一卡脚和工件表面贴合，另一卡脚做前后左右摆动，经过反复调试，使卡脚贴合松紧适宜，手指有轻微摩擦的感觉。

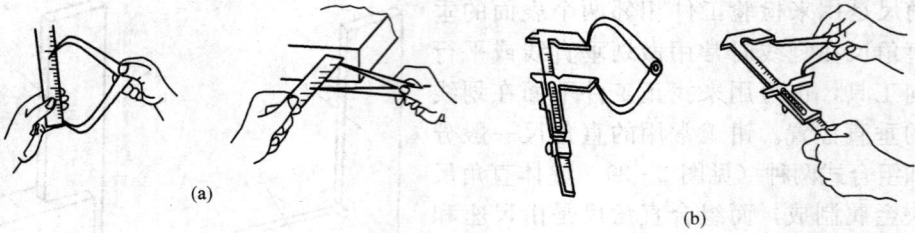

图 2-6　内外卡钳在其他量具上量取尺寸
(a) 在钢板尺；(b) 在卡尺

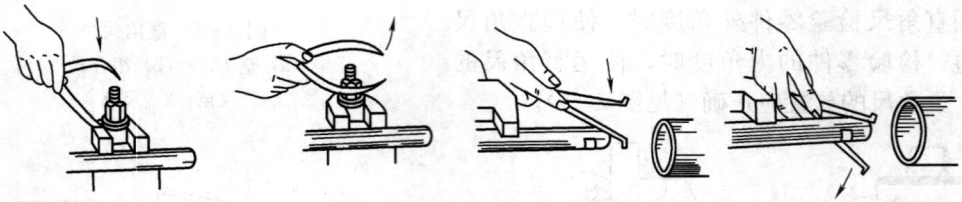

图 2-7　内、外卡钳尺寸调整

四、刀口尺

刀口尺（见图 2-8）是样板平尺中的一种，主要用来测量工件的直线度和平面度，测量时均采用透光法检查。

检查工件直线度时，刀口尺的测量棱边应紧贴工件表面，然后在明亮而均匀的光源照射下观察缝隙大小，判断工件表面是否平直（见图 2-9）。全部接触表面能透过均匀微弱的光线时，该平面是平直的。

检查平面度时，还应沿对角线方向检验。

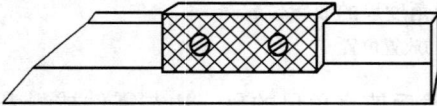

图 2-8　刀口尺

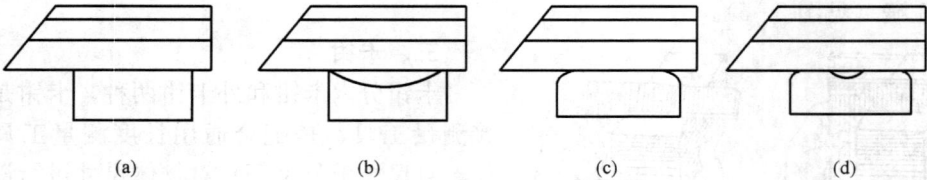

图 2-9　用刀口尺检验直线度
(a) 表面平直；(b) 表面凹；(c) 表面凸；(d) 表面凹凸

五、塞尺

塞尺（见图 2-10）用于检验两个接触面之间的间隙大小，其长度有 50、100、200mm 等几种。

塞尺又称测微片或厚薄规。测量厚度为 0.02～0.1mm，中间每片相隔 0.01mm。使用前必须先清除塞尺和工件上的污垢与灰尘。使用时可用一片或数片重叠插入间隙（见图2-11），以稍感拖滞为宜。如用 0.03mm 能塞入而 0.04mm 不能塞入，说明间隙在 0.03～0.04mm，所以塞尺也是一种界限量。测量时动作要轻，不允许硬插，也不允许测量温度较高的零件。

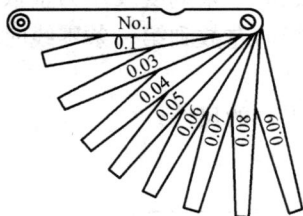

图 2-10　塞尺

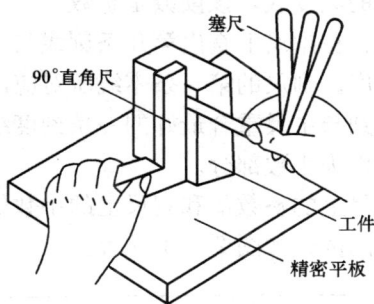

图 2-11　用塞尺配合 90°角尺检测工件垂直度

第三节　钳工常用精密量具

钳工常用的精密量具有游标卡尺、游标高度尺、游标深度尺、千分尺、内径千分尺、百分表、万能角度尺、块规、水平仪等。

一、游标卡尺

1. 游标卡尺的特点

（1）结构简单轻巧，使用方便，测量范围大，用途广泛，保养方便。

（2）可测量工件的内径、外径、中心距、宽度、长度、厚度、深度等。

2. 游标卡尺的结构

游标卡尺的主尺和固定卡脚制成一体。副尺和活动卡脚制成一体，并能沿主尺滑动（主、副尺间有弹簧压片）。有的游标卡尺还带有测量深度装置。游标卡尺是用膨胀系数较小的钢材制成的，两个卡脚要经过淬火和充分的时效处理（见图 2-12）。

3. 游标卡尺的精度

游标卡尺的测量精度有 0.1、0.05mm 和 0.02mm 三种。游标卡尺的规格按其测量长度分为 150、200、250、300mm 等。

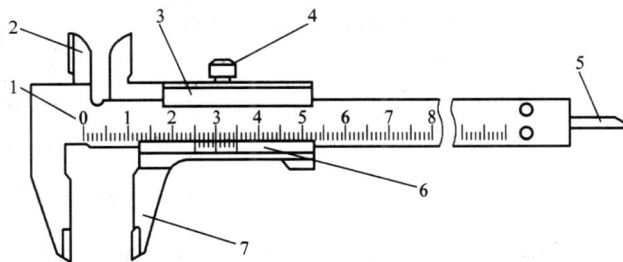

图 2-12　游标卡尺

1—尺身；2—内量爪；3—尺框；4—紧固螺钉；
5—深度尺；6—游标；7—外量爪

4. 0.02mm 游标卡尺的刻线原理

精度为 0.02mm 的游标卡尺的刻线原理：主尺上每一小格为 1mm，每一大格为 10mm。主尺上 49mm 在副尺上被均匀地分为 50 格，因此副尺的每小格长度为 49mm/50＝0.98mm，主尺与副尺每格的差为 1mm－0.98mm＝0.02mm。所以，这种游标卡尺的测量精度为 0.02mm。

5. 游标卡尺的读数方法

（1）整数：副尺零线前主尺上的毫米整数。副尺的第一条零线与主尺的任意一条刻度线重合并且副尺的最后一条零线与主尺的任意一条刻度线重合，此时读数为副尺的第一条零线所对应的主尺的刻度线，该读数是整数。

（2）小数：在副尺上查出第几条刻线与主尺刻线对齐，数前面有几条刻线然后乘以游标卡尺的测量精度。副尺的第一条零线所对应的主尺左边最近的一条刻度线作为整数部分，并且在副尺上找到与主尺重合最好的一条刻度线，以该刻度线向左数到第一条零线时的格数乘上测量精度后作为小数部分。

（3）将主尺上的整数值和副尺上的小数值相加就得出工件的尺寸。

游标卡尺的读数如图 2-13 所示。

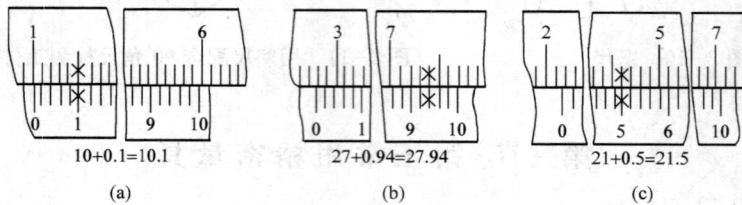

10+0.1=10.1　（a）　　27+0.94=27.94　（b）　　21+0.5=21.5　（c）

图 2-13　游标卡尺的读数

6. 游标卡尺的使用方法

（1）用软布将量爪擦干净，使其并拢，查看游标和主尺身的零刻度线是否对齐。如果对齐就可以进行测量，如没有对齐则要进行零位调整。

（2）测量时，右手拿住尺身，大拇指移动游标，左手拿待测的物体，使待测物位于外测量爪之间，当与量爪紧紧相贴时，即可读数（见图 2-14）。

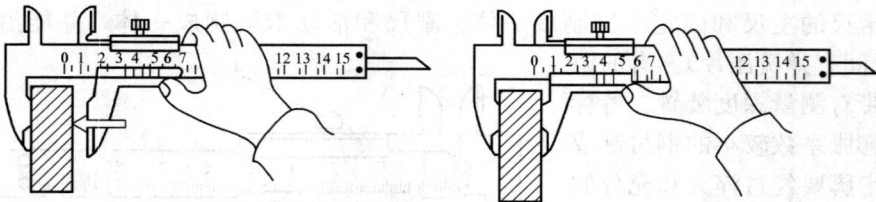

图 2-14　测量时量爪的动作

判断游标上哪条刻度线与尺身刻度线对准，可用下述方法：选定相邻的三条线，如左侧的线在尺身对应线之右，右侧的线在尺身对应线之左，中间那条线便可以认为是对准了。

测量外尺寸的方法如图 2-15 所示。

（3）测量内孔孔径时，应使一个量爪接触孔壁不动，另一个量爪微微摆动，量其最大值（见图 2-16）。

（4）测量深度时，应使尺身与孔端面相垂直（见图 2-17）。

7. 游标卡尺使用注意事项及保养方法

（1）游标卡尺是比较精密的测量工具，要轻拿轻放，不得碰撞或跌落。使用时，不要用来测量粗糙的物体，以免损坏量爪，不用时应置于干燥处防止锈蚀。

（2）测量时，应先拧松紧固螺钉，移动游标不能用力过猛。两量爪与待测物的接触不宜过紧。不能使被夹紧的物体在量爪内挪动。

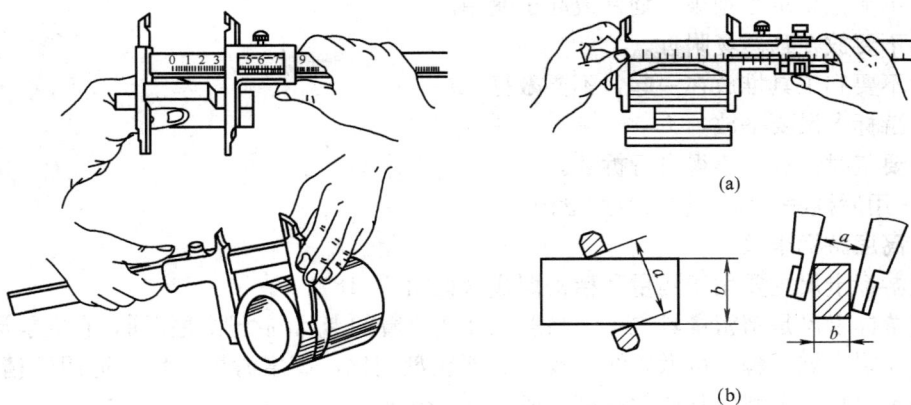

图 2-15 测量外尺寸的方法
（a）正确；（b）错误

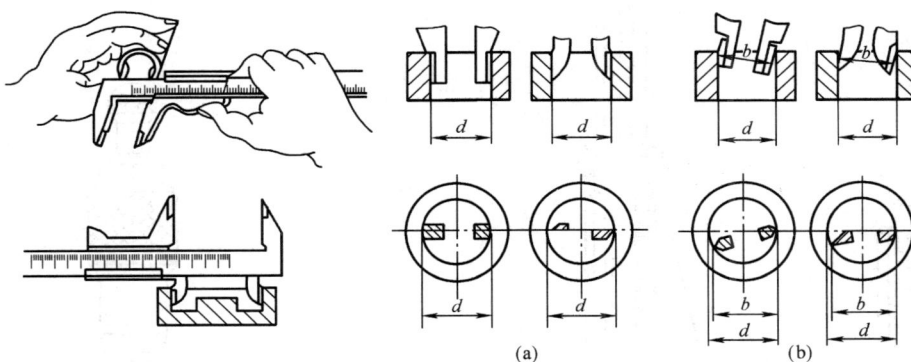

图 2-16 测量内尺寸的方法
（a）正确；（b）错误

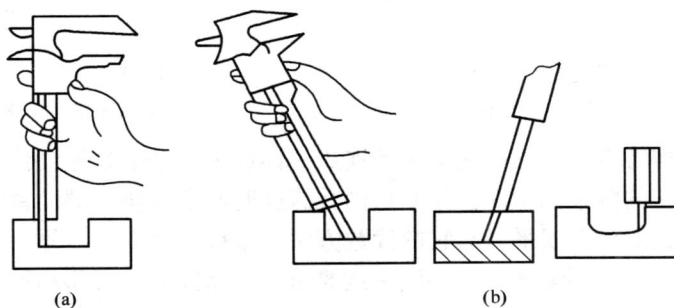

图 2-17 测量深度的方法
（a）正确；（b）错误

（3）读数时，视线应与尺面垂直。如需固定读数，可用紧固螺钉将游标固定在尺身上，防止滑动。

（4）实际测量时，对同一长度应多测几次，取其平均值来消除偶然。

（5）不能把量爪当划规、划针或起子使用。

（6）不要放在强磁场附近。

（7）不要和工具堆放在一起，不要敲打。

（8）游标卡尺要平放。

（9）要定时计量，不得自行拆装。

（10）用后擦净上油，放入专用盒内。

二、高度游标卡尺

高度游标卡尺主要用于测量和精密划线（见图 2 - 18）。

高度游标卡尺是精密量具之一。高度尺和竖放着的卡尺刻线原理相同，它既能测量工件的高度，还附有划针脚，可做划线工具。与划线盘相比，高度游标卡尺只适用于精密划线，能直接表示出高度尺寸，其读数精度一般为 0.02mm。

三、深度百分尺

深度百分尺（见图 2 - 19）用于测量零件的深度尺寸、台阶高低和槽的深度。

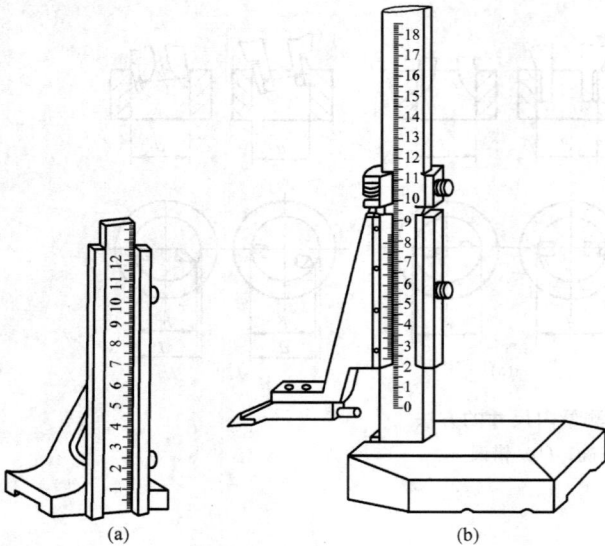

图 2 - 18　高度游标卡尺
（a）普通高度尺；（b）高度游标卡尺

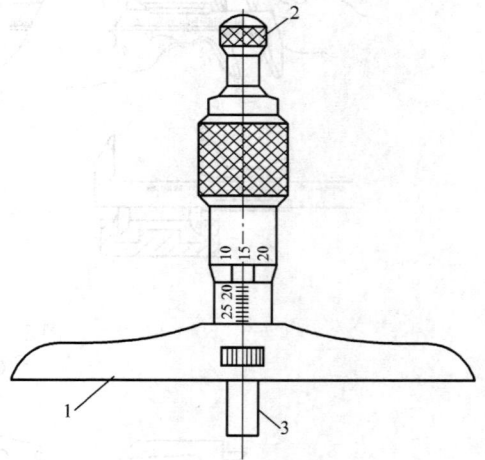

图 2 - 19　深度百分尺的构造
1—底座；2—棘轮；3—侧轴

深度百分尺结构特点：尺框的两个量爪连成一体成为一个带游标测量基座，基座的端面和尺身的端面就是它的两个测量面。如测量内孔深度时应把基座的端面紧靠在被测孔的端面上，使尺身与被测孔的中心线平行，它的读数方法和游标卡尺完全一样。

测量轴类等台阶时，测量基座的端面一定要压紧在基准面，再移动尺身，直到尺身的端面接触到工件的量面（台阶面）上，然后用紧固螺钉固定尺框，提起卡尺，读出深度尺寸。

多台阶小直径的内孔深度测量时，要注意尺身的端面是否在要测量的台阶上，当基准面是曲线时，测量基座的端面必须放在曲线的最高点上，测量出的深度尺寸才是工件的实际尺寸，否则会出现测量误差。

现有游标卡尺采用无视差结构，使游标刻线与主尺刻线处在同一平面上，消除了在读数时因视线倾斜而产生的视差；有的卡尺装有测微表成为带表卡尺，便于准确读数，提高了测量精度；更有一种带有数字显示装置的游标卡尺，这种游标卡尺在零件表面上量得尺寸时，就直接用数字显示出来，使用极为方便。

四、千分尺（百分尺）

1. 千分尺的特点

千分尺是利用螺旋测微原理制成的量具，也称为螺旋测微器。它的测量精度比游标卡尺高，并且测量比较灵活。千分尺规格种类繁多、制造难度大，因此，多应用于加工精度要求较高的情况。常用的螺旋读数量具有百分尺和千分尺。百分尺的读数值为 0.01mm，千分尺的读数值为 0.001mm。工厂习惯上把百分尺和千分尺统称为百分尺或分厘卡，目前工厂里多使用读数值为 0.01mm 的百分尺。千分尺的种类很多，机械加工车间常用的有外径千分尺、内径百分尺、深度百分尺及螺纹百分尺、公法线百分尺等，分别测量或检验零件的外径、内径、深度、厚度及螺纹的中径、齿轮的公法线长度等。

2. 千分尺的结构

各种千分尺的结构大同小异，常用外径千分尺是用以测量或检验零件的外径、凸肩厚度及板厚、壁厚等（测量孔壁厚度的千分尺，其量面呈球弧形）。千分尺由尺架、测微头、测力装置、制动器等组成。图 2-20 所示为测量范围为 0～25mm 的外径千分尺。尺架的一端装着固定测砧，另一端装着测微螺杆。固定测砧和测微螺杆的测量面上都镶有硬质合金，以提高测量面的使用寿命。尺架的两

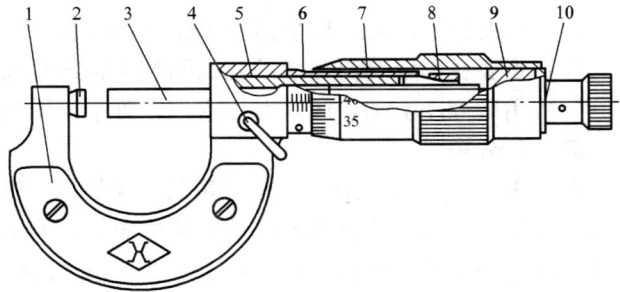

图 2-20 外径千分尺
1—尺架；2—测砧；3—测微螺杆；4—锁紧装置；
5—螺纹轴套；6—固定套筒；7—微分筒；
8—调节螺母；9—接头；10—测力装置

侧面覆盖着绝热板，使用千分尺时，手持绝热板，可防止人体的热量影响百分尺的测量精度。

3. 外径千分尺的刻线原理

微分筒的外圆锥面上刻有 50 格，测微螺杆的螺距为 0.5mm。微分筒每转动一圈，测微螺杆就轴向移动 0.5mm；当微分筒每转动一格时，测微螺杆就移动 0.5/50＝0.01mm，所以千分尺的测量精度为 0.01mm。

4. 千分尺的读数方法

（1）读出活动套筒左边端面线与固定套筒上接近的刻度线数值。

（2）读出活动套筒锥面上与固定套筒基准线对齐或接近的刻线格数，再乘以百分尺的测量精度（0.01mm）。

（3）把以上两个刻度的读数相加即为被测尺寸（见图 2-21）。

5. 千分尺的正确使用及保养

（1）检查零位线是否准确。

（2）工件较大时应放在 V 形铁或平板上测量。

（3）测量前将测量杆和砧座擦干净。

（4）拧活动套筒时需用棘轮装置。

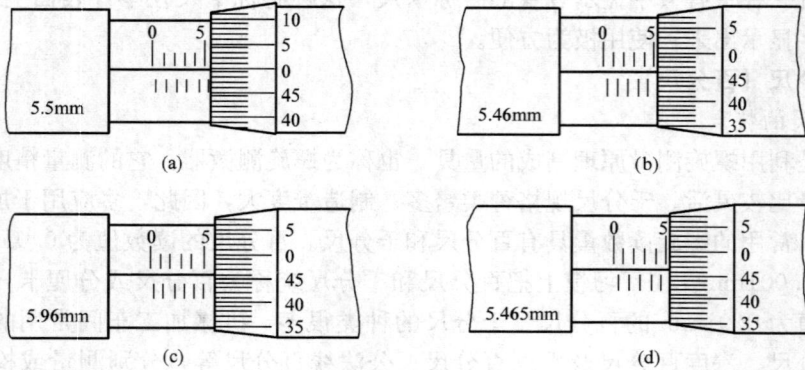

(a)　5.5mm　　　　　　　　　　(b)　5.46mm

(c)　5.96mm　　　　　　　　　　(d)　5.465mm

图 2-21　千分尺的读数示例

（5）不要拧松后盖，以免造成零位线的改变。

（6）不要在固定套筒和活动套筒间加入普通机油。

（7）用后擦净上油，放入专用盒内，置于干燥处。

五、百分表

百分表（千分表）是一种精密量具（见图 2-22），是美国的 B. C. 艾姆斯于 1890 年制成的。常用于形状和位置误差以及小位移的长度测量。百分表的圆表盘上印制有 100 个等分刻度，即每一分度值相当于量杆移动 0.01mm。若在圆表盘上印制有 200 个或 100 个等分刻度，则每一分度值为 0.001mm 或 0.002mm，这种测量工具即称为千分表。

百分表是利用精密齿条齿轮机构制成的表式通用长度测量工具。通常由测量头、测量杆、防震弹簧、齿条、大小齿轮、游丝、圆表盘、大小指针、外壳等组成。

若改变测头形状并配以相应的支架，便可制成百分表的变形品种，如厚度百分表、深度百分表和内径百分表（见图 2-23）等。如用杠杆代替齿条可制成杠杆百分表和杠杆千分表，其示值范围较小，但灵敏度较高。此外，它们的测头可在一定角度内转动，能适应不同方向的测量，结构紧凑。它们适用于测量普通百分表难以测量的外圆、小孔、沟槽等的形状和位置误差。

百分表的结构较简单，传动机构是齿轮系，外廓尺寸小，重量轻，传动机构惰性小，传动比较大，可采用圆周刻度，并且有较大的测量范围，不仅能作比较测量，也能作绝对测量。

百分表的工作原理，是将被测尺寸引起的测杆微小直线移动，经过齿轮传动放大，变为指针在刻度盘上的转动，从而读出被测尺寸的大小。

百分表的构造主要由三个部件组成：表体

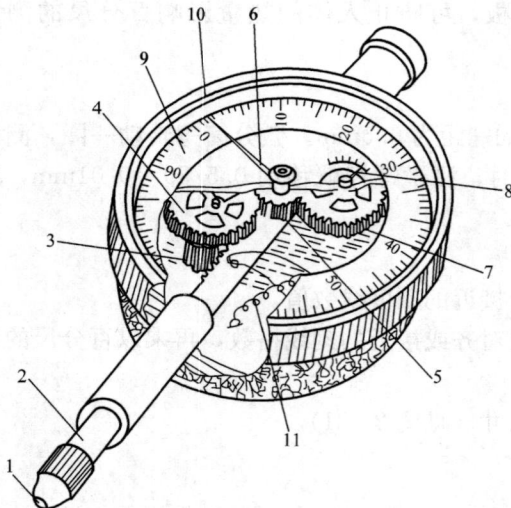

图 2-22　百分表的构造

1—触头；2—测量杆；3、5—小齿轮；4、7—大齿轮；
6—大指针；8—小指针；9—大盘面；
10—外壳；11—拉簧

部分、传动系统和读数装置。

六、万能角度尺

万能角度尺又称为角度规、游标角度尺和万能量角器（见图 2-24），它是利用游标读数原理来直接测量工件角度或进行划线的一种角度量具。万能角度尺适用于机械加工中的内、外角度测量，可测 0°～320°外角及 40°～130°内角。

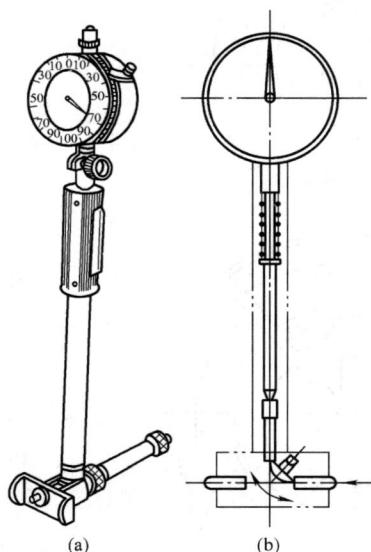

图 2-23　内径百分表

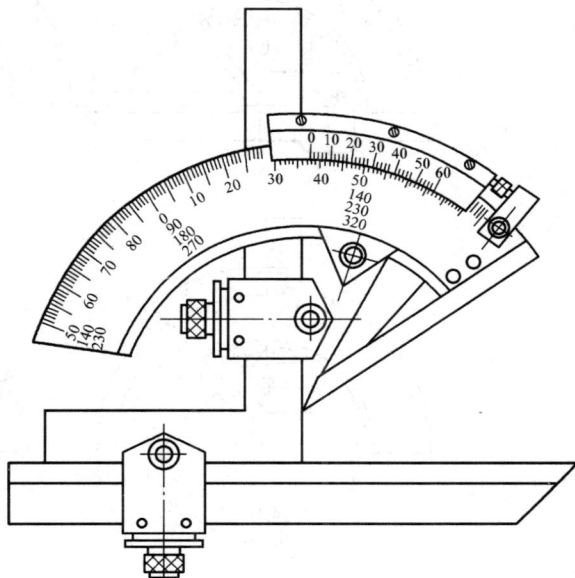

图 2-24　万能角度尺

1. 万能角度尺的原理

万能角度尺的读数机构是根据游标原理制成的。主尺刻线每格为 1°。游标的刻线是将身尺的 29°所占的弧长等分为 30 格，因此游标刻线角格为 (29/30)°，即主尺与游标一格的差值为 $1°-\left(\frac{29}{30}\right)°=\left(\frac{1}{30}\right)°=2'$，即万能角度尺的测量精度为 $2'$。

2. 万能角度尺的读数方法

万能角度尺的读数方法与游标卡尺的读数方法相似。

（1）读出游标上零线或左边所对应的扇形板上所测角度的整数"度"数。

（2）在游标上找出与扇形板上刻线对齐的那一条刻线，读出所测角度"分"数（格数×2′）。

（3）将整数"度"数与"分"数相加，即为测量角度值（见图 2-25）。

3. 万能角度尺的使用

测量时应先校准零位，使万能角度尺的两个测量面与被测件表面在全长上保持良好接触，当角尺与直尺均装上，而角尺的底边及基尺与直尺无间隙接触时，主尺与游标的"0"线对准。调整好零位后，通过改变基尺

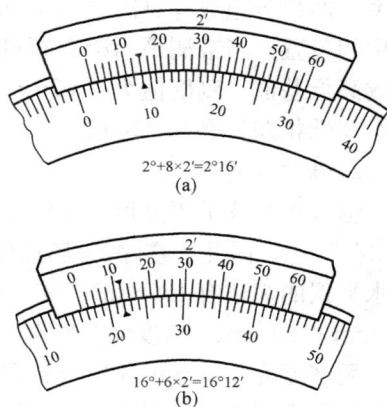

2°+8×2′=2°16′

(a)

16°+6×2′=16°12′

(b)

图 2-25　万能角度尺的读数方法

和角尺、直尺的相互位置可测试 0°～320° 范围内的任意角度（见图 2-26）。

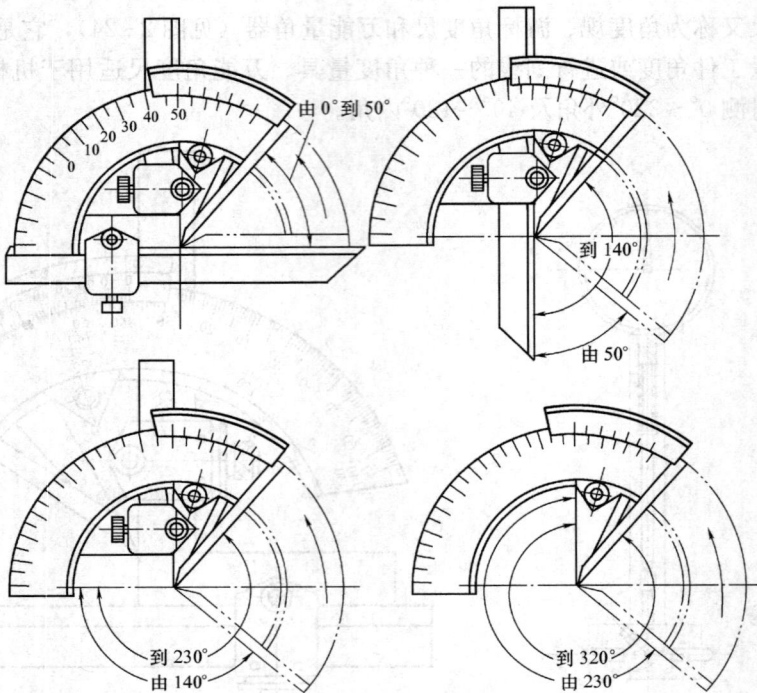

图 2-26　万能角度尺的测量范围

七、水平仪

水平仪是用来检验机械和工件的平面度、平行度、垂直度和设备安装时相对水平位置的量具。

常用的水平仪有普通水平仪、框式水平仪、合像水平仪等。

1. 普通水平仪

普通水平仪是由 V 形的工作底面和与工作底面平行的水准器（封闭的玻璃管，表面有刻度）两部分组成 [见图 2-27（a）]。当水平仪放在标准的水平位置时，水准器的气泡正好在中间位置，当被测平面稍有倾斜，水准器的气泡就向高处移动，在水准器的刻度上可读出两端高低差值。刻度值为 0.02mm/1000mm，即表示气泡移动一格，被测长度为 1m 的两端上，高低相差就是 0.02mm。

2. 框式水平仪

框式水平仪呈正方形，有四个相互垂直的工作平面，还有纵向、横向两个水准器 [见图 2-27（b）]。因此，它除了具有普通水平仪的功能外，还能检验工件的垂直度、平行度。框式水平仪的规格有 150mm×150mm、200mm×200mm、300mm×300mm 三种，最常用的是 200mm×200mm，刻度值为 0.02mm/1000mm 和 0.05mm/1000mm 两种。

用精度为 0.02mm/1000mm 的水平仪测量 1500mm 长的工件表面，当气泡偏离了 3 格，工件两端高度差（见图 2-28）的计算方法是：

高度差＝1500mm×3×0.02mm/1000＝0.09mm

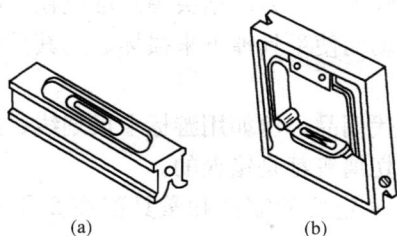

图 2-27 水平仪的构造
(a) 普通水平仪；(b) 框式水平仪

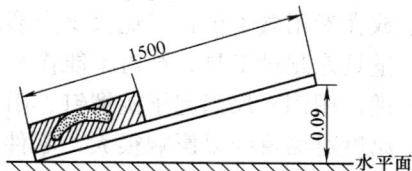

图 2-28 水平仪的使用

3. 合像水平仪

合像水平仪的构造如图 2-29 所示，用于检验工件表面微小的倾斜度、平面度和设备的相对水平位置，它的测量精度更高，并能直接读出测量结果。水平器的玻璃管装在水平仪内杠杆架上的特制的底盘上，其水平位置可用旋钮通过螺杆螺母、杠杆等进行调节〔见图 2-29 (a)〕。玻璃管内的气泡的两端圆弧，分别由三个不同位置的棱镜反射到窗口内的圆形镜框内，分成两半合像。使用时，若水平仪底面不在水平位置，两端有高度差，气泡 A、B 的像就不相合〔见图 2-29 (b)〕。此时若转动旋钮进行调节，使玻璃管处于水平位置，则气泡 A、B 的像就会相合〔见图 2-29 (c)〕。这时从指针窗口查看，可读出高度差的毫米值，再从旋钮刻线处又读出高度差的刻线格数（一格代表 1m 长度的高度差是 0.01mm），将两个数值相加，即是所求高度差的数值。

例如，指针窗口的毫米数为零，旋钮刻线格数为 12 格，它的高度差数值就是 $0+0.01 \times 12 = 0.12$mm，即 1m 长度的高度差为 0.12mm。

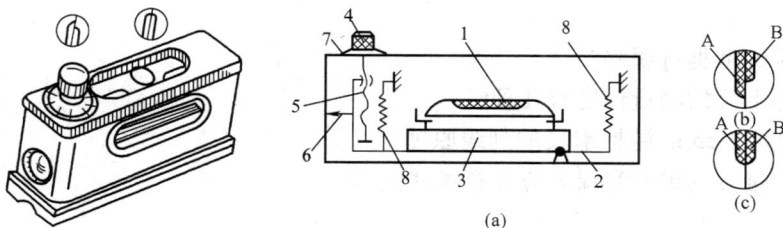

图 2-29 合像水平仪的构造
1—玻璃管；2—杠杆；3—底盘；4—旋钮；5—螺杆螺母；6—指针；7—刻度；8—弹簧

第四节 量具的维护和保养

正确地使用精密量具是保证产品质量的重要条件之一。要保持量具的精度及其工作的可靠性，除了要按照正确的使用方法进行测量以外，还必须做好量具的维护和保养工作。

（1）在机床上测量零件要待零件完全停稳后进行，否则不但会使量具的测量面过早磨损而失去精度，还会造成事故。

（2）测量前应把量具的测量面和零件的被测量表面都要揩干净，以免因脏物的存在而影响测量精度。用精密量具（如游标卡尺、百分尺、百分表等）测量锻、铸件毛坯或带有研磨剂（如金刚砂等）的表面是错误的，这样容易加快测量面的磨损而失去精度。

（3）量具在使用过程中，不要和工具、刀具（如锉刀、车刀、钻头等）堆放在一起，以免碰伤量具；也不要随便放在机床上，以免因机床振动而使量具掉下来损坏。尤其是游标卡尺等应平放在专用盒子里，以免尺身变形。

（4）量具是测量工具，绝对不能作为其他工具的代用品。例如用游标卡尺划线、用百分尺做小手锤、用钢直尺当起子旋螺钉、用钢直尺清理切屑等都是错误的。

（5）温度对测量结果影响很大，零件的精密测量一定要使零件和量具都在 20℃ 的情况下进行测量。一般可在室温下进行测量，但必须使工件与量具的温度一致，否则，由于金属材料热胀冷缩的特性，会导致测量结果不准确；温度对量具精度的影响亦很大，量具不应放在阳光下或床头箱上，因为量具温度升高后，也量不出正确尺寸；更不要把精密量具放在热源（如电炉、热交换器等）附近，以免使量具受热变形而失去精度。

（6）不要把精密量具放在磁场附近（如磨床的磁性工作台上），以免使量具感磁。

（7）发现精密量具有不正常现象时，如量具表面不平、有毛刺、有锈斑及刻度不准、尺身弯曲变形、活动不灵活等，使用者不应自行拆修，更不允许自行用手锤敲、锉刀锉、砂布打光等方法修理，以免增大量具误差。发现上述情况，使用者应主动送计量站检修，并经检定量具精度后再继续使用。

（8）量具使用后，应及时揩干净，除不锈钢量具或有保护镀层者外，金属表面应涂上一层防锈油，放在专用的盒子里，保存在干燥的地方，以免生锈。

（9）精密量具应实行定期检定和保养，长期使用的精密量具，要定期送计量站进行保养和检定精度，以免因量具的示值误差超差而造成产品质量事故。

思　考　题

2-1　量具的种类有哪些？

2-2　游标卡尺的测量精度有几种？

2-3　简述 0.02mm 游标卡尺的刻线原理。

2-4　精密量具的维护和保养应注意哪些问题？

技　能　训　练

1. 练习用游标卡尺、百分尺、万能角度尺等精密量具测量一些标准工件。

2. 能正确、熟练使用游标卡尺，并用其来检测实习工件尺寸、角度和形状。

划 线

教 学 目 标

1. 明确划线、平面划线、立体划线的概念；
2. 掌握划线工具的使用和保养方法，掌握基本线条的划法；
3. 明确划线基准的概念，掌握划线的方法和步骤。

第一节 概 述

根据图纸或尺寸的要求，在毛坯或半成品上划出加工图形或加工界线的操作称为划线。

一、划线的作用

(1) 明确表示出加工界线，指导加工。

(2) 便于复杂的工件在机床上定位。

(3) 能及时发现和处理不合格的毛坯。

(4) 采用借料划线可以使误差不大的毛坯得到补救。

二、划线的种类

(1) 平面划线：在工件或毛坯的一个表面上划线，如图 3-1 (a) 所示。

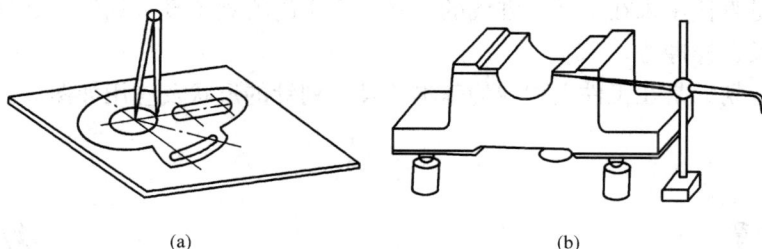

(a)   (b)

图 3-1 划线种类

(a) 平面划线；(b) 立体划线

(2) 立体划线：在工件或毛坯的几个表面上同时划线，如图 3-1 (b) 所示。

划线时要做到线条清晰、尺寸准确。如果划线错误，将会导致工件报废。由于划出的线条有一定宽度，划线误差为 0.25～0.5mm，故通常不能以划线来确定最后尺寸，在加工过程中还需依靠测量来控制尺寸精度。

第二节 划线常用工具及使用方法

划线工具的种类很多，根据它们在划线中的作用可分为四大类。

一、基准工具

划线时安放工件，利用其尺寸和形状位置精度较高的表面作为引导划线并控制划线质量的工具，称为基准工具。常用的基准工具有划线平板、方箱等。

（1）划线平板。划线平板是划线的主要基准工具，它是用铸铁经过精细加工制成的。划线平板的基准平面平直、光滑，结构牢固，背面有若干肋板（见图3-2）。

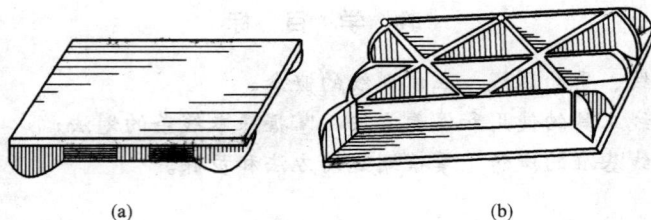

图 3-2 划线平板
(a) 基准平面；(b) 背面

划线平板应平稳放置，保持水平，以便稳定支承工件。划线平板使用部位要均匀，以免局部磨损；要防止碰撞和锤击，以免降低准确度；要注意表面清洁，长期不用时应涂油防锈和加盖木板防护。

（2）方箱。方箱是用铸铁制成的空心立方体，六面都经过精加工，相邻平面互相垂直，相对平面互相平行。方箱上设有 V 形槽和压紧装置，通过翻转方箱便可把工件上互相垂直的线在一次安装中全部划出来（见图3-3）。

二、绘划工具

绘划工具是直接用来在工件上划线的工具。常用的绘划工具有划针、划规、划卡、划线盘、游标高度尺、样冲等。

（1）划针。划针是在工件上划线的基本工具。划针的形状及应用如图3-4所示。

图 3-3 方箱

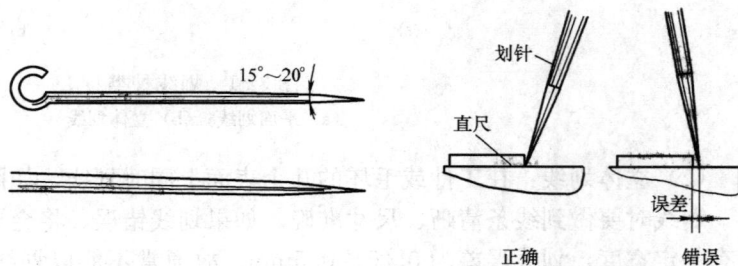

图 3-4 划针及应用

（2）划规。划规可用于划圆、量取尺寸和等分线段（见图3-5）。

（3）划卡：划卡又称单脚规，用以确定轴及孔中心位置，也可用来划平行线（见图3-6）。

（4）划线盘。划线盘是用于立体划线和找正工件位置用的工具。有普通划线盘和可调划线盘两种形式（见图3-7）。调节划针高度，在平板上移动划线盘，即可在工件上划出与平板平行的线来。

（5）游标高度尺。游标高度尺是精密工具，既可测量高度，又可用于半成品的精密划线，但不可对毛坯划线，以防损坏硬质合金划线卡脚。在使用前应检查游标高度尺零线是否重合，用完后应擦拭干净，涂油装盒保管。

（6）样冲。划出的线条在加工过程中容易被擦去，所以要在划好的线段上用样冲打出小而分布均匀的样冲眼（见图3-8）。冲眼的大小、深浅、距离要均匀，直线上稀，曲线上密，薄板及精加工表面禁止打冲眼，钻孔时的中心眼可打的大一些，以便钻头定位。图3-9所示为样冲及其使用方法。

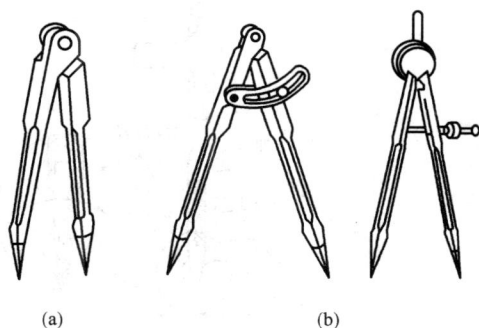

图3-5 划规
（a）普通划规；（b）弹簧划规

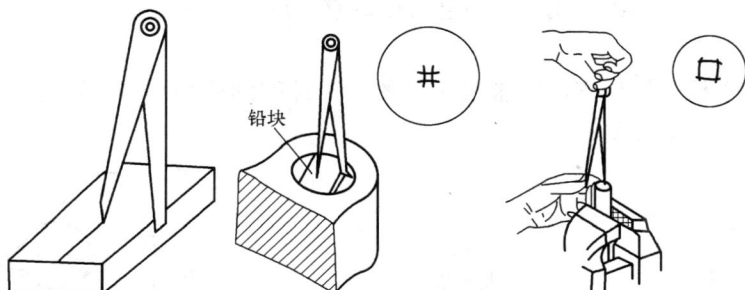

图3-6 划卡

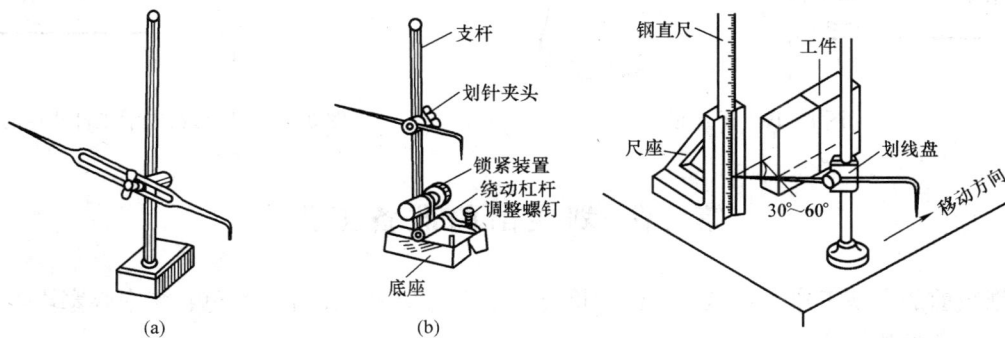

图3-7 划针盘及应用
（a）普通划线盘；（b）可调划线盘

三、测量工具

测量工具是用来量取尺寸和检测划线精度的工具，主要有钢板尺、游标卡尺、直角尺、游标高度尺等。

四、辅助工具

划线中起支撑、调整、装夹等辅助作用的工具。常用的有千斤顶、V形铁等。

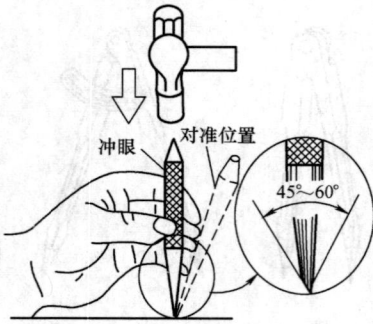

图 3-8　样冲眼的作用

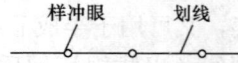

样冲眼　划线

样冲眼在线上距离相等

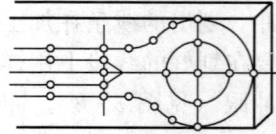

图 3-9　样冲及使用方法

1. 千斤顶

千斤顶是在平板上用以支承工件的部件（见图 3-10）。

通常千斤顶是 3 个一组使用，其高度可以调整，以便找正工件。

2. V 形铁

V 形铁是在平板上用以支承圆轴类工件的。工件的圆柱面用 V 形铁支承，要使工件轴线与平板平行（见图 3-11）。

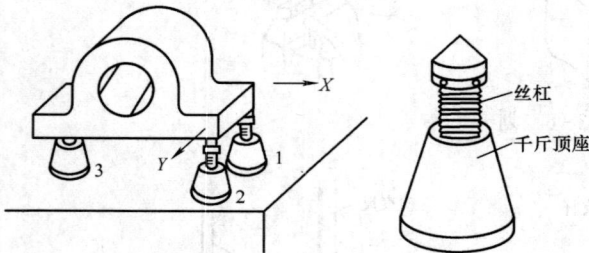

图 3-10　千斤顶

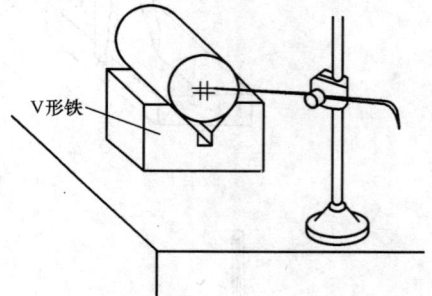

图 3-11　V 形铁支承工件找中心

第三节　划线前的准备工作

划线前的准备工作主要是：工件的检查、工件的清理、工件的涂色、装中心塞块等。

一、工件的检查

检查毛坯工件是否符合图纸的技术要求。

二、工件的清理

工件的清理就是除去毛坯工件表面的氧化皮、毛刺、飞边、残留的污垢等，为涂色和划线做准备。

三、工件的涂色

在工件需要划线的表面上涂上一层涂料，使划出的线条更加清晰。涂色时，涂层要涂得均匀，太厚的涂层反而容易脱落。常用的涂料有石灰水、紫色、粉笔等。

（1）石灰水用于铸件和锻件毛坯。为了增加吸附力，可以在石灰水中加适量的牛皮胶水，划线后白底黑线，很清晰。

（2）紫色是由 2‰～4‰龙胆紫、3‰～5‰虫胶漆和 91‰～95‰酒精配置而成。紫色常用于涂在已加工表面上，划线后蓝底白线，效果较好。

（3）粉笔是最常用的涂料，但是划线后显示的线条不太清晰。

四、在工件的孔中装中心塞块

当在有孔的工件上划圆或等分圆周时，为了在求圆心时能固定划规的一脚，须在孔中塞入塞块。

常用的塞块有铅条、木块或可以调的塞块。铅条用于较小的孔，木块和可以调的塞块用于较大的孔。

第四节 划线基准的选择

一、基准的概念

基准是用来确定生产对象上各几何要素的尺寸大小和位置关系所依据的一些点、线、面。基准包括设计基准和划线基准。

（1）设计基准：在设计图样上采用的基准为设计基准。

（2）划线基准：在工件划线时所选用的基准称为划线基准。

基准的确定要综合考虑工件的整个加工过程及各个工序之间所使用的检验手段。划线作为加工中的第一道工序，在选用划线基准时，应尽可能使划线基准与设计基准一致，这样可以避免相应的尺寸换算，减少加工过程中的基准不重合误差。

二、划线基准的选择

一般可以选重要孔的中心线或已加工面作为划线基准（见图 3-12）。

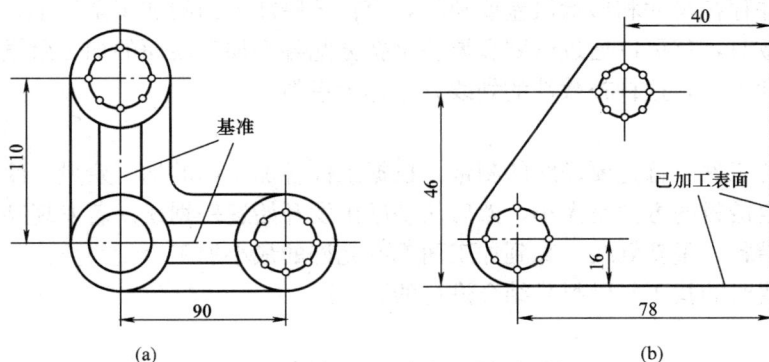

图 3-12 划线基准的选择

常用的划线基准一般有以下三种类型。

（1）以两个相互垂直的平面或直线为基准。

（2）以一个平面或直线和一个中心线为基准。

（3）以两个互相垂直的中心平面或直线为基准。

注意：

（1）一个工件有很多线条要划，要遵守从基准开始的原则，即使设计基准与划线基准重合，否则将会增大划线误差，尺寸换算麻烦，有时甚至增加划线的难度、降低工作效率。正确的选择划线基准，可以提高划线的质量和效率，并相应提高毛坯的合格率。

（2）当工件上已有加工面（平面或孔）时，应该以已加工的面为划线基准。若毛坯上没有已加工面，首次划线应选择最主要的（或大的）不加工面为划线基准（称为粗基准），但该基准只能使用一次，在下次划线时，必须用已加工面作为划线基准。

第五节　划线时的找正和借料

有些铸锻毛坯工件有歪斜、偏心或厚度不均匀等缺陷，如果偏差不大，可通过找正和借料来补救。

一、找正

1. 定义

找正就是利用游标高度尺、划线盘、90°角尺等划线工具通过调节支承工具，使工件的有关表面处于合适的位置，将此表面作为划线的依据。

2. 要求和方法

（1）毛坯上有不加工表面时，应按不加工表面找正后再划线，使得加工表面与不加工表面各处尺寸均匀。

（2）毛坯上若存在几个不加工表面时，应选择重要的表面或较大的不加工表面作为找正的依据，使误差集中到次要或不显眼的部位。

（3）若没有不加工表面时，可以将待加工表面的孔的毛坯和凸台外形作为找正依据。

二、借料

1. 定义

当毛坯工件存在尺寸和形状误差或缺陷，使得某些加工面的加工余量不足，利用找正的方法也不能补救时，就可以通过试划和调整重新分配各个加工表面的加工余量，使得各个加工表面都能顺利加工，这种补救性的划线方法称为借料。

2. 注意

对于借料的工件，首先要详细的测量，根据工件各加工面的加工余量判断能否借料。若能借料，再确定借料的方向及大小，然后从基准出发开始逐一划线。若发现某一加工面余量不足，则再次借料，重新划线，直到加工面都有允许的最小加工余量为止。

通常，划线时的找正与借料是结合进行的。

第六节　划　线　步　骤

划线的要求：线条清晰均匀，定形、定位尺寸准确。划线一般按照如下步骤进行。

（1）分析图纸，确定划线基准，详细了解需要划线的部位。

（2）初步检查毛坯的误差情况，去除不合格毛坯。

（3）工件表面涂色。显示剂可选择粉笔、红丹、紫色。

（4）正确安装工件和选用划线工具。

（5）划线。

（6）详细检查划线的尺寸、位置精度及线条有无漏划。

（7）检查无误后，在划线线条上打上样冲眼。

思 考 题

3-1 划线的作用有哪些?

3-2 打样冲眼应注意哪些问题?

3-3 简述划线的步骤。

技 能 训 练

一、平面划线实例

平面划线与机械制图相似，所不同的是前者使用划线工具。图 3-13 所示为在齿坯上划键槽的示例。它属于半成品划线，其步骤如下：

（1）先划出基准线 $A—A$。

（2）在 $A—A$ 线两边间隔 2mm 划出两条平行线，为键槽宽度界线。

（3）从 B 点量取 16.3mm 划与 $A—A$ 线的垂直线，为键槽的深度界线。

（4）校对尺寸无误后，打上样冲眼。

二、立体划线实例

立体划线是在工件的几个表面上同时划线，图 3-14 所示为轴承座的零件图。

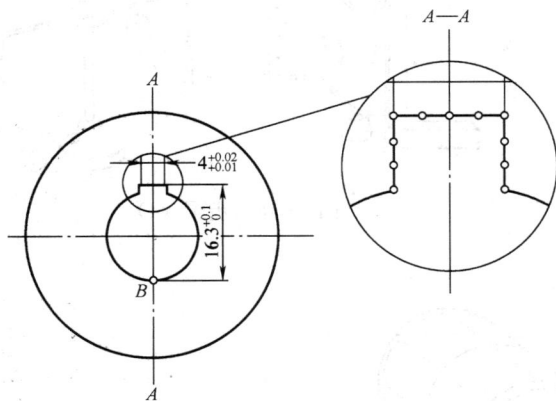

图 3-13 平面划线（齿坯上划键槽）

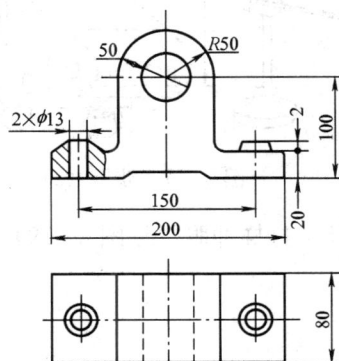

图 3-14 轴承座的零件图

轴承座的划线属于毛坯划线，需要注意以下内容。

（1）毛坯工件在划线前需清理，除去残留型砂及氧化皮，划线部位更应仔细清理，以便划出的线条明显、清晰。

（2）对照图纸，检查毛坯及半成品尺寸和质量，剔除不合格件。

（3）划线表面需涂上一层薄而均匀的涂料，毛坯面用石灰水。

（4）用铅块或木块塞住中心孔，以便确定孔的中心。

（5）工件支承要牢固、稳当，以防滑动或偏斜。

（6）在一次支承中，应把需要划出的平行线划全，以免补划时费工、费时及造成误差。

（7）应注意划线工具的正确使用，爱护精密工具。

具体划线步骤如下：

（1）根据孔中心及上平面调节千斤顶，使工件水平（见图3-15）。

（2）划底面加工线和大孔的水平中心线（见图3-16）。

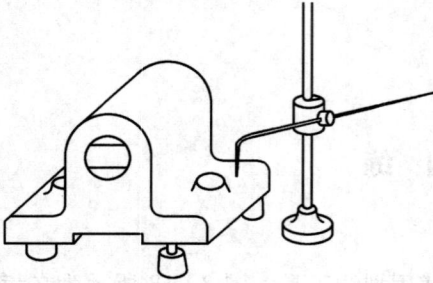

图 3-15 步骤（1）

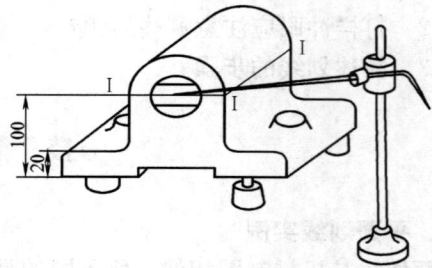

图 3-16 步骤（2）

（3）将工件翻转90°，用角尺找正，划大孔的垂直中心线及螺钉孔中心线（见图3-17）。

（4）再翻转90°，用直尺两个方向找正划螺钉孔（见图3-18）。

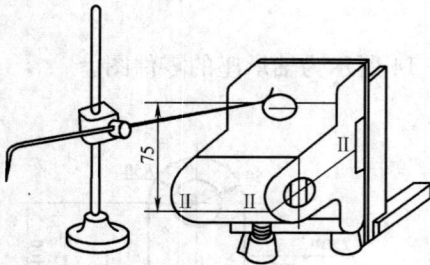

图 3-17 步骤（3）

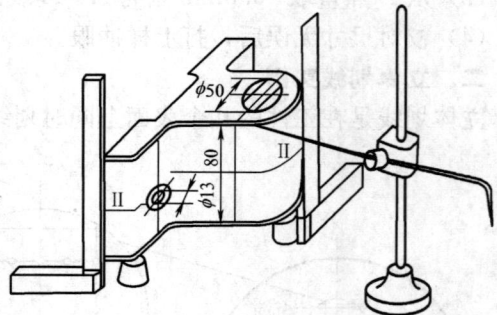

图 3-18 步骤（4）

（5）打样冲眼（见图3-19）。

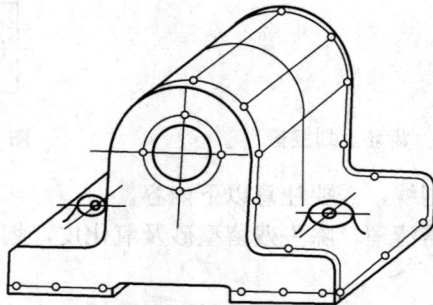

图 3-19 步骤（5）

錾　削

教 学 目 标

1. 了解錾削工具的名称、用途；
2. 掌握錾削平面的方法和挥锤要领；
3. 了解錾削废品的类型及产生的原因；
4. 了解錾削安全注意事项和文明生产要求。

第一节　概　　述

一、錾削的定义及其应用

錾削就是用手锤敲击錾子对金属进行切削加工的操作。

錾削的工作范围主要包括錾断金属、去除毛坯上的凸缘、毛刺、分割材料、錾削平面及油槽等，经常用于不便机械加工的场合。此外，通过錾削加工的练习，可以提高敲击的准确性，为装拆机械设备打下扎实的基础。

錾削虽是手工操作，但在现代工业生产中还是不可缺少的一项技能。

二、錾削的一般原理

錾子是属于切削刀具的一种，它的切削刃是由两个刃面组成，形成楔形，故称由两刃面形成的夹角为楔角（以 β 表示），楔角 β 是指前刀面与后刀面之间的夹角（见图 4-1）。

楔角的大小将影响錾子切削部分的强度和刀刃的锋利程度。楔角小，錾子锋利，錾削省力；楔角大，切削部分的强度高，但錾削阻力也大，切入困难，錾削费力。楔角的大小选择通常是根据工件材料软硬程度来选取。錾削硬钢、铸铁等硬材料时，楔角要大些；錾削一般钢料和中等硬度材料时，楔角要小些。

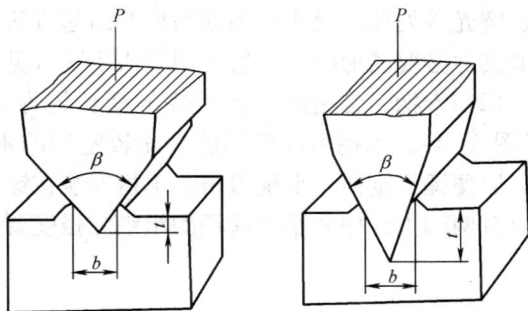

图 4-1　錾子的楔角
P—锤击力；β—楔角；t—深度；b—宽度

錾子是錾削工件的刀具，一般用碳素工具钢（T7A 或 T8A）经锻打成形后再进行刃磨和热处理而成。切削部分经热处理后硬度可达到 HRC56~62。

三、錾削应具备的条件

所有切削刀具能切下金属是由以下两个因素决定的。

（1）刀具的切削刃比工件材料要硬。

（2）刀具的切削部位成楔角。

只有以上两个条件还不能很好地完成錾削任务。如果要得到理想的錾削工件表面，在錾削时錾子还要与工件形成适当的切削角。

　　所谓切削角是指錾子的前刀面与切削平面所形成的夹角，以 δ 表示（见图 4-2），从图中可以看出

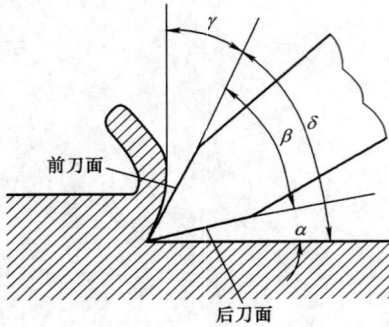

图 4-2　錾削时的角度

$$\delta = \beta + \alpha$$

式中　δ——切削角；

　　　　β——錾子的楔角；

　　　　α——后角（后刀面与切削面形成的夹角）。

　　由此可见，δ 的大小是由 β 和 α 来决定的，工作中錾子的楔角 β 是不变的，所以切削角 δ 的大小取决于后角 α。一般情况下，α 为 $5°\sim8°$。后角过大，錾子易向工件深处扎入；后角过小，錾子易在錾削部位滑脱，α 角的大小直接影响錾削工作效率和质量。所以，后角 α 的大小是錾削中的关键。

第二节　錾 削 工 具

一、手锤（榔头）

手锤是钳工常用的重要敲击工具。

1. 手锤的组成

手锤由锤头、木柄和楔子（斜楔铁）组成。

（1）锤头。錾削用的手锤是硬头手锤，锤头用碳素工具钢 T7 制成，并经热处理淬火硬化、磨光等处理。锤头一端顶面稍有凸起成弧形，锤头另端的形状可根据需要制成圆头、扁头或其他必要的形状，一般常用圆头手锤（见图 4-3）。

（2）木柄。常用的 1kg 手锤的柄长约为 350mm 左右，与操作者的肘长相等较为适宜（见图 4-4）。木柄用硬而不脆、比较坚韧的木材制成，如檀木等。手握处的断面应为椭圆形，以便锤头定向，准确敲击。木柄安装在锤头中，必须稳固可靠，装木柄的孔要做成椭圆形，且两端大、中间小。锤柄的粗细和强度要适当，要和锤头大小相称。

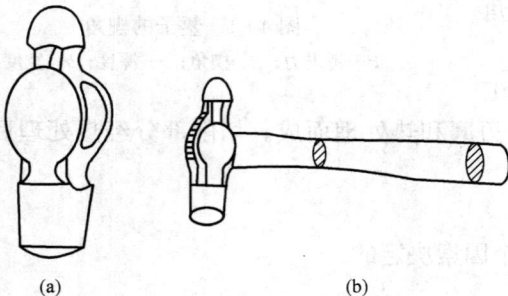

(a)　　　　　　　(b)

图 4-3　手锤
(a) 圆头手锤头；(b) 锤柄的安装

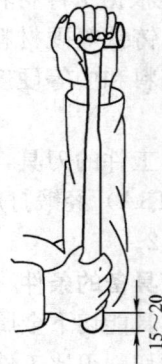

图 4-4　锤柄长度的确定

（3）楔子。木柄敲紧装入锤孔后，锤头中线与锤柄中线垂直，再在端部打入带倒刺的铁楔子，用楔子楔紧（见图 4-5），就不易松动，可以防止锤头脱落造成事故。

2. 手锤的种类

手锤的种类较多，一般分为硬头手锤和软头手锤两种。

硬头手锤是用碳素工具钢 T7 制成。软头手锤的锤头是用铅、铜、硬木、牛皮或橡皮制成的，多用于装配和矫正工作。

3. 手锤的规格

手锤的规格以锤头的质量来表示，有 0.25、0.5、0.75、1kg 等。

图 4-5 锤柄应
打入楔子

二、錾子

錾子是錾削加工中的切削工具，一般选用碳素工具钢锻造而成，经热处理及刃磨后方可使用。

1. 錾子的构造

錾子由头部、錾身及切削部分三部分组成（见图 4-6）。

（1）头部。头部做成圆锥形，有一定的锥度，顶端略带球形，以便锤击时的作用力容易通过錾子中心线，使锤击时的作用力方向便于朝着刃口的錾削方向，令錾子保持平稳。

（2）錾身（柄部）。錾身多呈八棱形，便于控制握錾方向，以防錾削时錾子转动。

图 4-6 錾子的结构

1—头部；2—切削刃；3—切削部分；4—斜面；5—錾身

（3）切削部分。由前刀面、后刀面和切削刃组成。前刀面是指切削时，切屑从錾子上流出的表面。后刀面是指切削时，錾子上与工件已加工表面相对的面。切削刃是指前刀面与后刀面的交线，它担负着主要的切削工作。

2. 錾子的几何角度

錾削时形成的切削角度有前角、后角和楔角。三者之和等于 $90°$。

（1）前角 γ：指前刀面与基面之间的夹角。前角的作用是减少錾削时切屑的变形，使切削轻快省力。前角越大，切削越省力。

当后角一定时，前角的数值由楔角决定。楔角大，则前角小；楔角小，则前角大。

（2）后角 α：指后刀面与切削平面之间的夹角。后角的作用是减少后刀面与切削表面之间的摩擦，引导錾子顺利錾切。

后角的大小应适当，一般錾平面时錾子的后角为 $5°\sim8°$。后角过大，会使錾子切入过深，錾削困难；后角太小，则錾子容易滑出工件表面，不能切入。錾断时，錾子的后角为 $0°$ 角。后角的大小取决于錾削时錾子被掌握的方向。

（3）楔角 β：指前刀面与后刀面之间的夹角。楔角影响錾子切削部分的强度和刀刃的锋利程度。一般楔角越小，錾子越锋利，錾削越省力，但楔角过小，会造成刃口薄弱，容易折损；楔角越大，切削部分的强度越高，但錾削阻力也越大，切入越困难，錾削越费力，錾削表面也不易平整。

　　楔角大小的选择通常是根据工件材料软硬程度的不同，选取不同的楔角数值。錾削硬钢、铸铁等硬材料时，楔角取 60°～70°；錾削一般钢料和中等硬度材料时，楔角取 50°～60°；錾削铜或铝等软材料时，楔角取 30°～50°。

　　3. 錾子种类

　　钳工常用的錾子有扁錾、尖錾、油槽錾和扁冲錾四种（见图 4-7）。

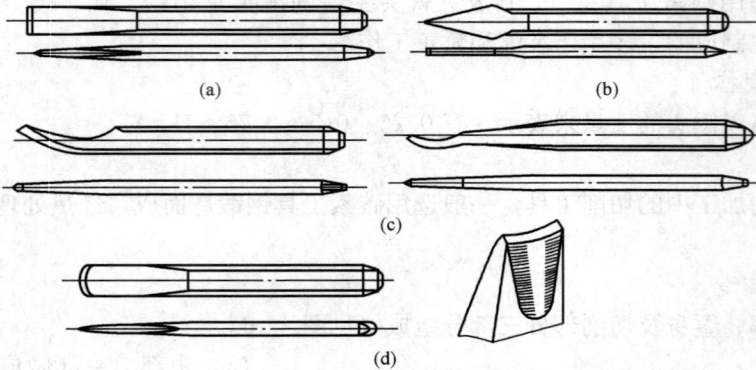

图 4-7　錾子种类

(a) 扁錾；(b) 尖錾；(c) 油槽錾；(d) 扁冲錾

　　（1）扁錾（阔錾）主要用来錾削平面、去毛刺、分割板料等。其切削部分扁平，切削刃较宽并略带圆弧形。这是为了在平面上錾去微小的凸起部分时，切削刃两边的尖角不易损伤平面的其他部分。扁錾的应用较为广泛。

　　（2）尖錾（狭錾）主要用于錾槽和分割曲线形板料。其切削刃比较短，切削部分的两侧面，从切削刃到錾身是逐渐狭小，以防錾槽时两侧面被卡住，以致增加錾削阻力和损坏沟槽侧面。尖錾过渡部分的两斜面有较大的角度，是为了保证切削部分具有足够的强度。

　　（3）油槽錾常用来錾削平面或曲面上的润滑油槽。其切削刃很短，呈圆弧形。

　　（4）扁冲錾用于打通两个钻孔之间的间隔。

第三节　錾子的刃磨方法及热处理

一、錾子的刃磨

　　1. 狭錾的刃磨要求

　　錾子的几何形状和角度要合理，錾子的几何形状及合理的角度值要根据用途及加工材料的性质而定。錾子楔角的大小，要根据被加工材料的硬软来决定。

　　狭錾的切削刃长度应与槽宽相对应，两个侧面间的宽度应从切削刃起向柄部逐渐变狭，使在錾槽时能形成 1°～3°的副偏角，以避免錾子在錾槽时被卡住，同时保证槽的侧面能錾削平整。切削刃要与錾子的几何中心线垂直，且应在錾子的对称平面上。

　　2. 阔錾的刃磨要求

　　切削刃可略带弧形，其作用是在平面上錾去微小的凸起部分时，切削刃两边的尖角不易损伤平面的其他部分。前、后刀面要光洁、平整。

3. 錾子的刃磨方法

双手握持錾子，在旋转着的砂轮的轮缘上进行刃磨。刃磨时，必须使削刃高于砂轮水平中心线［见图 4-8（a）］，在砂轮全宽上做左右移动，并要控制錾子的方向和位置，保证磨出所需的楔角值［见图 4-8（b）］。

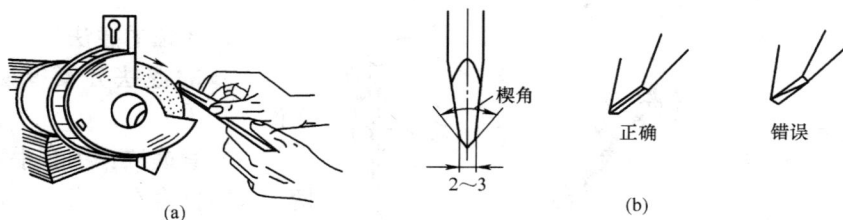

楔角

2～3

正确　　错误

(a)　　　　　　　　　　　　　　　(b)

图 4-8　錾子的刃磨方法
(a) 刃磨方法；(b) 刃磨要求

刃磨时加在錾子上的压力不宜过大，左右移动要平稳、均匀，并要经常蘸水冷却，以防退火。不可用棉纱裹住錾子进行刃磨，以免发生事故。

二、錾子的热处理

錾子的热处理包括淬火和回火两个过程。其目的是为了保证錾子切削部分具有较高的硬度和一定的韧性。

（1）淬火。当錾子的材料为 T7 或 T8 钢时，可把錾子切削部分约 20mm 长的一段，均匀加热到 750～780℃（呈樱红色）后迅速取出，并将錾子垂直放入冷水内冷却（浸入深度 5～6mm），即完成淬火（见图 4-9）。

錾子放入水中冷却时，应沿着水面缓慢地移动。其目的是加速冷却，提高淬火硬度，使淬硬部分与不淬硬部分不致有明显的界线，避免錾子在此线上断裂。

（2）回火。錾子的回火是利用本身的余热进行

图 4-9　淬火

的。当淬火的錾子露出水面的部分呈黑色时，由水中取出，迅速擦去氧化皮，观察錾子刃部的颜色变化。对一般阔錾，在錾子刃口部分呈紫红色与暗蓝色之间（紫色）时，将錾子再次放入水中冷却；对一般狭錾，在錾子刃口部分呈黄褐色与红色之间（褐红色）时，将其再次放入水中冷却。至此即完成了錾子的淬火—回火处理的全部过程。

第四节　錾削操作方法和要领

一、錾子的握法

錾子的握法分正握法、反握法和立握法三种。

（1）正握法：手心向下，腕部伸直，用中指、无名指握住錾子，小指自然合拢，食指和大拇指作自然伸直地松靠，錾子头部伸出约 20mm，常用于正面錾削、大面积强力錾削等场

合［见图 4-10（a）］。

（2）反握法：手心向上，手指自然捏住錾子，手掌悬空。常用于侧面錾削、剔毛刺及使用较短小錾子的场合［见图 4-10（b）］。

（3）立握法：手心正对胸前，拇指和其他四指骨节自然捏住錾子。常用于在铁砧上錾断材料时的场合［见图 4-10（c）］。

二、手锤的握法

手锤的握法分紧握法和松握法两种。

（1）紧握法：用右手五指紧握锤柄，大拇指合在食指上，虎口对准锤头方向（木柄椭圆的长轴方向），木柄尾端露出 15～30mm。在挥锤和锤击过程中，五指始终紧握，如图 4-11（a）所示。

（2）松握法：只用大拇指和食指

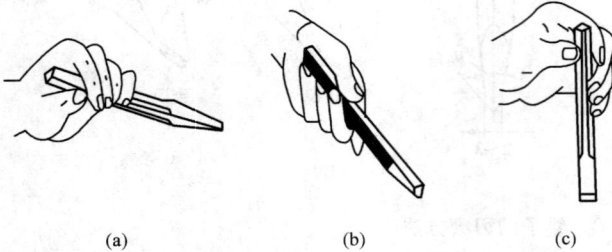

图 4-10 錾子的握法
（a）正握法；（b）反握法；（c）立握法

始终握紧锤柄。在挥锤时，小指、无名指、中指则依次放松；在锤击时，又以相反的次序收拢握紧，如图 4-11（b）所示。这种握法的优点是手不易疲劳，且锤击力大。

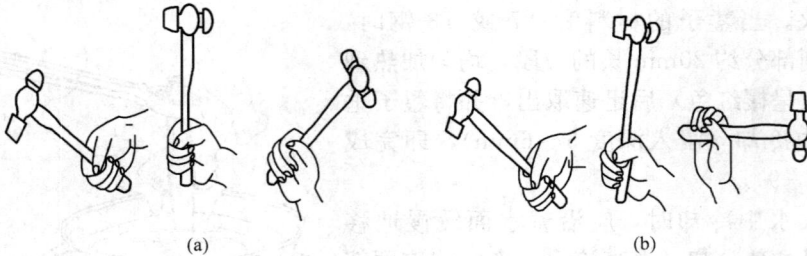

图 4-11 手锤的握法
（a）紧握法；（b）松握法

三、挥锤方法

挥锤方法有腕挥、肘挥和臂挥三种方法。

（1）腕挥是仅用手腕的动作进行锤击运动，采用紧握法握锤，如图 4-12（a）所示。一般用于錾削余量较小或錾削开始或结尾。在油槽錾削中采用腕挥法锤击，锤击力量均匀，使錾出的油槽深浅一致，槽面光滑。

（2）肘挥是手腕与肘部一起挥动进行锤击运动，采用松握法握锤，如图 4-12（b）所示，因挥动幅度较大，故锤击力也较大，这种方法应用最多。

（3）臂挥是用手腕、肘和大臂一起挥动，如图 4-12（c）所示，其锤击力最大，多用于强力錾削。

錾削时的锤击要稳、准、狠。准就是命中率要高；稳就是速度节奏稳定；狠就是锤击要有力。其动作要一下一下有节奏地进行，一般在肘挥时约 40 次/min，腕挥时约 50 次/min。手锤敲下去应是加速度，可增加锤击的力量。因手锤从它的质量和手或手臂提供给它的速度

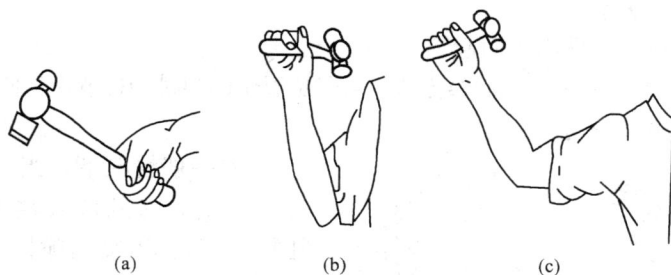

图 4-12 挥锤方法

(a) 腕挥；(b) 肘挥；(c) 臂挥

获得能量。故当手锤的质量增加一倍时，能量也增加一倍；而速度增加一倍，则能量增加四倍。

锤击要领：挥锤时做到肘收臂提，举锤过肩；手腕后弓，三指微松；锤面朝天，稍停瞬间。锤击时做到目视錾刃，臂肘齐下；收紧三指，手腕加劲；锤錾一线，锤走弧线；左脚着力，右腿伸直。

四、錾削站立姿势

两腿自然站立，身体重心稍微偏于后脚。身体与虎钳中心线大致成 45°，且略向前倾；左脚跨前半步（左右两脚后跟之间的距离 250～300mm），脚掌与虎钳成 30°，膝盖处稍有弯曲，保持自然；右脚要站稳伸直，不要过于用力，脚掌与虎钳成 75°（见图 4-13）；视线要落在工件的切削部位上。

五、起錾方法

起錾方法有斜角起錾和正面起錾两种。

1. 斜角起錾

斜角起錾就是在工件的边缘尖角处，将錾子放成负角，錾出一个斜面，然后再按正常錾削角度的方法錾削，如图 4-14 (a) 所示。

在錾削平面时，应采用斜角起錾的方法。

2. 正面起錾

正面起錾就是将錾子的全部刃口贴住工件錾削部位的端面，錾出一个斜面 [见图 4-14 (b)]，然后再

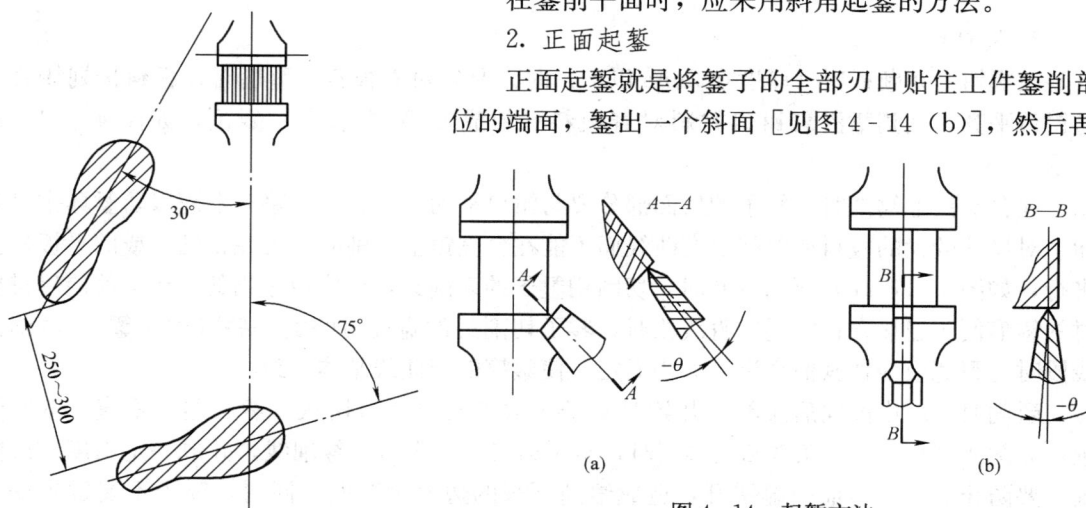

图 4-13 錾削时的站立位置

图 4-14 起錾方法

(a) 斜角起錾；(b) 正面起錾

按正常錾削角度的方法錾削。

在錾削槽时，则必须采用正面起錾。

起錾时在工件上錾出一斜面的起錾方法，可避免錾子的弹跳和打滑，且便于掌握加工余量。

尽头位置的錾法应采用调头錾。

在一般情况下，当錾削接近尽头 10～15mm 时，必须调头錾去余下的部分（见图 4-15）。当錾削脆性材料，如錾削铸铁和青铜时，更应如此，否则尽头处会发生崩裂。

在錾削过程中，一般每錾削两三次后，可将錾子退回一些，做一次短暂的停顿，然后再将錾刃顶住錾处继续錾削。这样，既可随时观察錾削表面的平整情况，又可使手臂肌肉有节奏地得到放松。錾削钢件时錾子可蘸油，这样能减少摩擦，使錾削省力，并可减小錾削表面的粗糙度，同时能对錾子进行冷却，提高錾子的耐用度。

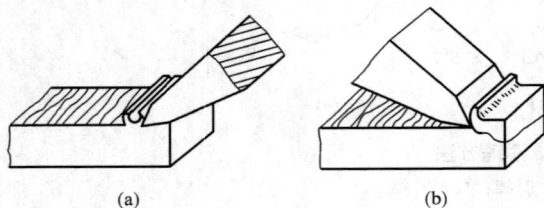

图 4-15 錾到尽头时的錾削方法
(a) 正确；(b) 错误

六、其他錾削

1. 大平面錾削

在錾削大平面时，先用狭錾以适当的间隔开出工艺直槽，再用阔錾将槽间凸起部分錾平（见图 4-16），既便于控制錾削的尺寸精度，又可使錾削省力。

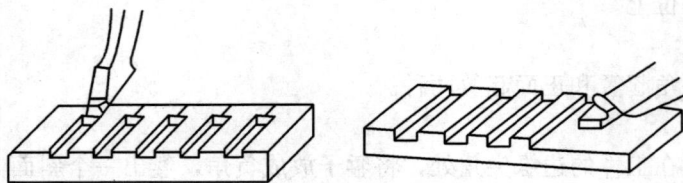

图 4-16 錾削较大平面

2. 板料切断

在虎钳上切断板料（厚度在 2mm 以下）时，要斜对着板料。錾削时，板料按划线夹成与钳口平齐，用阔錾沿着钳口并斜对着板料（约成 45°）自右向左錾削，如图 4-17（a）所示。

在台虎钳上錾削时，錾子的后面部分要与钳口平面贴平，刃口略向上翘以防錾坏钳口表面。对尺寸较大的板料或錾削线有曲线而不能在台虎钳上錾削时，可在铁砧（或旧平板）上进行，如图 4-17（b）所示。此时，切断用錾子的切削刃，应磨成适当的弧形，使前后排錾时的錾痕便于连接齐正。錾削直线段时，錾子切削刃的宽度可略宽一些（用阔錾）；錾削曲线段时，刃宽应根据其曲率半径大小而定，使錾痕能与曲线基本一致。

錾削时，应由前向后排錾，开始时錾子应适当放斜似剪切状，然后逐步垂直，依次錾削，如图 4-18 所示。在铁砧上錾削时，錾子刃口必须先对齐錾削线，并成一定斜度按线錾削，要防止后一錾与前一錾错开，造成錾削下来的边发生弯曲。同时，錾子不要錾到铁砧上，如果不使用垫铁，应该使錾子在板料上錾出全部錾痕后再敲断或扳断。

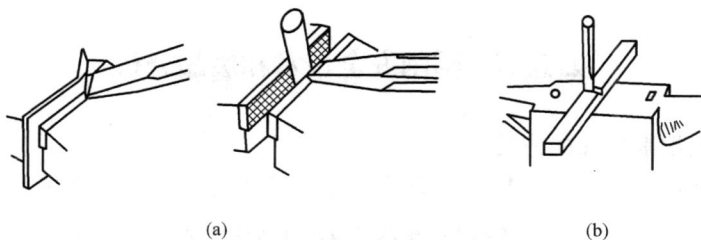

图 4-17 錾断
(a) 在台虎钳上錾断；(b) 在铁砧上錾断

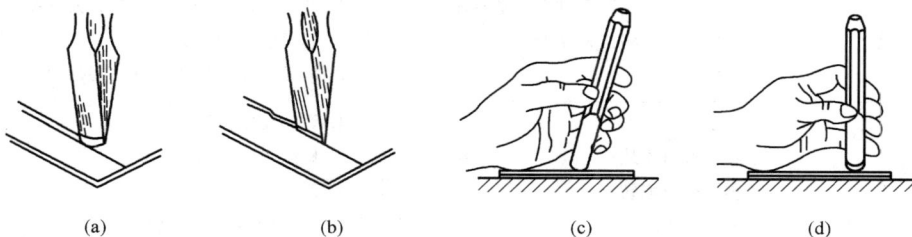

图 4-18 錾削板料方法

厚度在 4mm 以下的较厚钢板，当形体简单时，可以在板料的正反两面先錾出凹痕，然后敲断；当被錾削工件形状较复杂时，应先按轮廓线钻出密集的排孔，然后用錾子逐步錾断（见图 4-19）。

3. 錾槽

錾槽一般可分为錾削油槽和键槽。

錾削油槽的方法是：先在轴瓦上划出油槽线；较小的轴瓦可夹在台虎钳上，但夹力不可太大，以防轴瓦变形；錾削时，錾子应随轴瓦曲面不停地转动，使錾出的油槽光滑、深浅均匀，如图 4-20 (a) 所示。

在轴上錾削键槽的方法是：先在键槽上画出加工线，再在一端或两端钻孔，先用阔錾把圆弧面錾平，便于狭錾錾槽，但其宽度不能超越所划的键槽宽线条［见图 4-20 (b)］。为了保证将槽錾得平直，錾子应放正、握稳，手锤的落点要准，作用力方向对着槽向，锤击力要均匀。

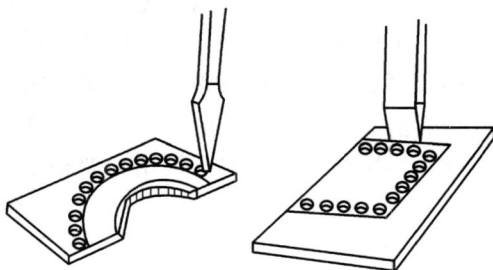

图 4-19 用密集钻孔配合錾削

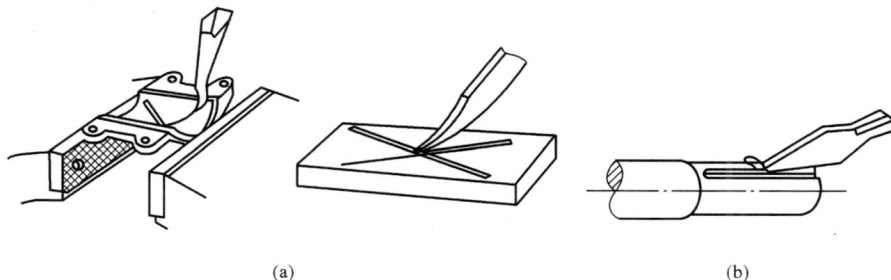

图 4-20 錾槽
(a) 錾削油槽；(b) 錾削键槽

第五节　錾削安全技术和废品分析

一、防止产生錾削废品的方法

为了保证质量，防止产生废品。錾削时，必须注意表 4-1 所述有关事项。

表 4-1　　　　　　　　　　錾削产生废品的原因及预防方法

废品种类	原　因	预 防 方 法
工件变形	1. 立握錾，切断时工件下面垫的不平； 2. 刃口过厚，将工件挤变形； 3. 夹伤	1. 放平工件，较大工件应有人扶持； 2. 修磨錾子刃口； 3. 较软金属应加钳口铁，夹持力量适当
工件表面不平	1. 錾子楔入工件； 2. 錾子刃口不快； 3. 錾子刃口崩裂； 4. 锤击力不均	1. 调整錾削角度； 2. 修磨錾子刃口； 3. 修磨錾子刃口； 4. 注意用力均匀，速度适当
錾伤工件	1. 錾掉边角； 2. 起錾时，錾子没有吃进就用力錾削； 3. 錾子刃口忽上忽下； 4. 尺寸不对	1. 快到尽头时调整方向； 2. 起錾要稳，从角上起錾，用力要小； 3. 掌稳錾子，用力平稳； 4. 划线时注意检查，錾削时注意观察

二、錾削安全技术

錾削时应注意以下事项。

（1）錾削工作台上应设有安全防护网。

（2）錾削脆性金属和修磨錾子时，要戴防护眼镜，以免碎屑崩伤眼睛。

（3）握锤的手不准戴手套，以免手锤飞脱伤人。

（4）锤头松动、柄有裂纹、手锤无楔，不能使用，以免锤头飞出伤人。

（5）錾子顶部由于长时间敲击，出现飞刺、翻边需进行修磨，否则容易扎伤手面。

（6）錾削将近终止时，锤击力要轻，以免用力过猛碰伤手。

思　考　题

4-1　常用的錾子有哪几种？各用于什么场合？

4-2　錾子的刃磨要求是什么？

4-3　錾切平面时，应注意哪些问题？

技 能 训 练

錾削铆锤坯料的二平行面

1. 工件分析（见图 4-21）铆锤图纸

通过划线、錾削、锯削、锉削、钻孔等钳工加工，把 $\phi32 \times 105$ 材料为 45 钢的棒料，制作成铆锤，达到图样规定的尺寸及形状位置精度要求。

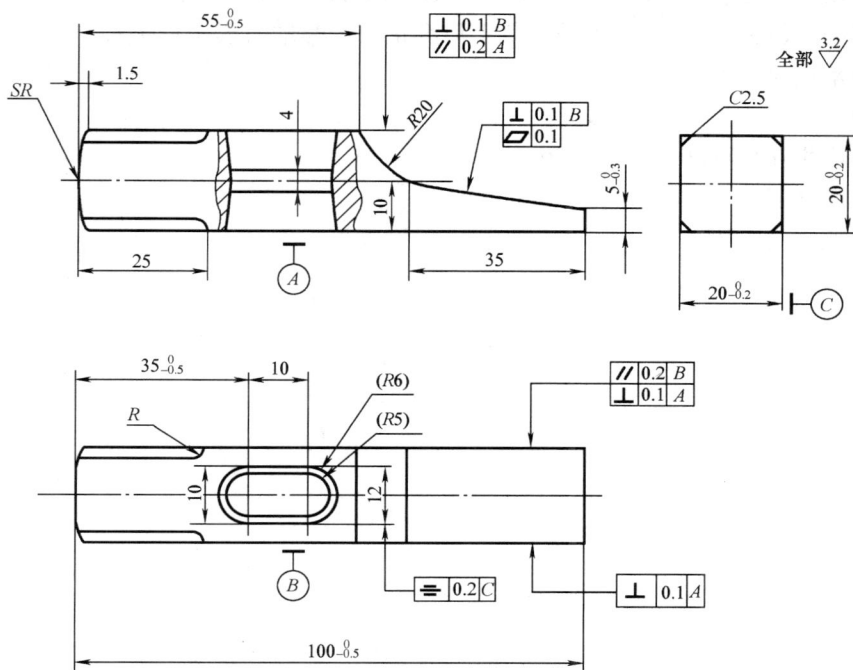

图 4-21 铆锤

2. 操作步骤

（1）在圆柱棒料划线处涂色，放在 V 形铁上，一起放在划线平板上，用高度游标卡尺测量总高度 L，调整高度游标卡尺至尺寸（L－5）mm，沿棒料四周划出 A 面錾削位置线（见图 4-22），打样冲眼。

（2）把工件錾削面朝上夹在台虎钳上，用扁錾粗、精錾削 A 面至线上，保证尺寸 27mm 及平面度误差小于 0.3mm（见图 4-23）。

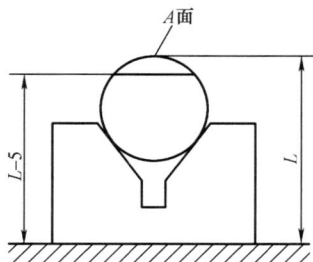

图 4-22 划线

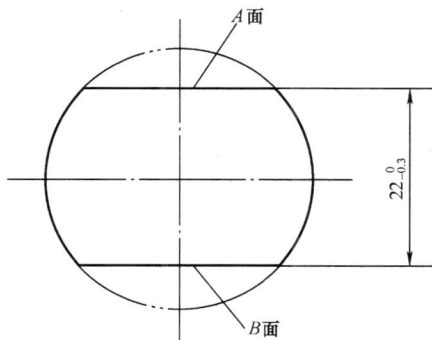

图 4-23 錾削平行面

（3）把已錾好的 A 面放在划线平板上，用高度游标卡尺划出 B 面的錾削位置线。

（4）同（2），錾削 B 面至图样要求。

3. 注意事项

(1) 錾削厚度要适当,以每层 0.5~1mm,可錾削 4~5 次至要求。

(2) 錾削材料为 45 钢,錾子的楔角要刃磨正确。錾削时錾子应握稳、放正,锤击力量适中,手锤落点应正确。

4. 技术要求

(1) 平面相互平行度误差≤0.3mm。

(2) 平面度误差≤0.3mm。

(3) 錾痕方向一致。

锉　　削

教 学 目 标

1. 掌握正确的锉削姿势、动作要领；
2. 掌握锉削基本操作技能，并能达到一定的锉削精度；
3. 能使用相关量具，准确测量工件；
4. 懂得锉刀的保养和锉削时的安全知识。

第一节　概　　述

一、锉削定义

锉削指用锉刀对工件表面进行切削加工，使其尺寸、形状、位置和表面粗糙度达到要求的操作。一般，锉削（见图 5-1）是在錾、锯之后对工件进行的精度较高的加工。锉削的尺寸精度可达 0.01mm，表面粗糙度可达 $Ra0.8\mu m$。

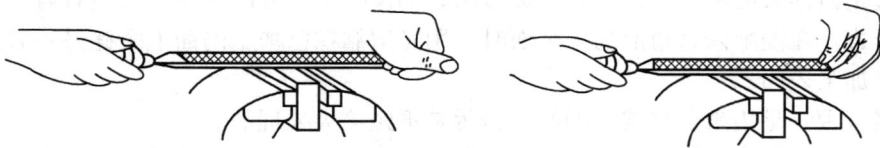

图 5-1　锉削

二、锉削的特点及应用范围

锉削的加工精度高，应用范围广（见图 5-2）。锉削可以加工工件的内外平面、内外曲面、内外角、沟槽和各种复杂形状的表面。在现代工业生产的条件下，仍有某些零件的加工，需要用手工锉削来完成。例如装配过程中对个别零件的修整、修理，小批量生产条件下某些复杂形状的零件加工、样板、模具的加工等。

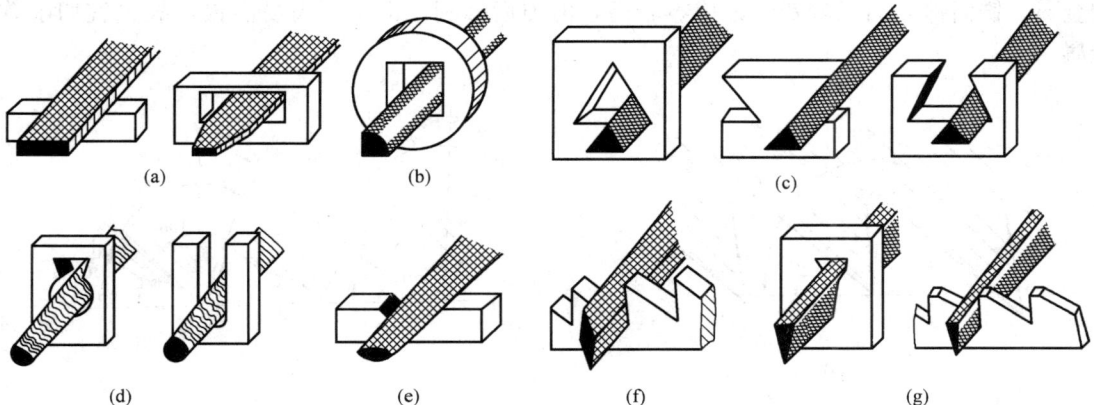

(a)　　　　　　　(b)　　　　　　　(c)

(d)　　　　(e)　　　　(f)　　　　(g)

图 5-2　锉削的应用

第二节 锉 刀

一、锉刀的构造

1. 锉刀的制造材料

锉刀一般用碳素工具钢 T12 或 T13 制成，经热处理后切削部分硬度达 HRC62～72。锉刀是专业工具厂生产的一种标准工具。

2. 锉刀的组成

锉刀由锉身和锉柄两部分组成。

（1）锉身。锉身包括锉刀面、锉刀边和锉刀尾三部分，如图 5-3 所示。

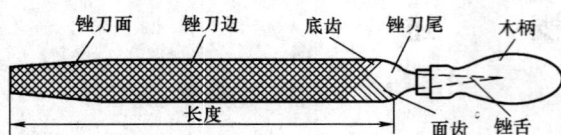

图 5-3 锉刀各部名称

锉刀的上下两面是锉削的主要工作面。锉刀面在前端做成凸弧形，上下两面均有锉齿，便于进行锉削。锉刀面在纵长方向做成凸弧形的作用是抵消锉削时由于两手上下摆动而产生的表面中凸现象，以使工件易于锉平。

锉刀边是指锉刀的两个侧面，有的锉刀两边都没有齿，有的其中一个边有齿。没有齿的一边称为光边，在锉削内直角形的一个面时，用光边靠在已加工的面上去锉另一直角面，可防止碰伤已加工表面。

锉刀尾（舌）是用来安装锉刀柄的，锉舌是不经淬火处理的。

（2）锉柄。锉柄的作用是便于锉削时握持和传递推力。通常是木质的，在安装孔的一端应有铁箍。

二、锉齿和锉纹

1. 锉齿

锉齿是锉刀用以切削的齿形。锉削时每个锉齿相当于一把錾子，对金属材料进行切削。

（1）锉齿的齿形有剁齿和铣齿两种（见图 5-4）。剁齿由剁锉机剁成，铣齿为铣齿法铣成。剁齿锉刀加工方便、成本低，但刀齿较钝、锉削阻力大，不过刀齿不易磨损，可切削较硬金属。铣齿锉刀加工较费时，成本较高，但刀齿锋利，由于刀齿易磨损，故只宜切削软金属。

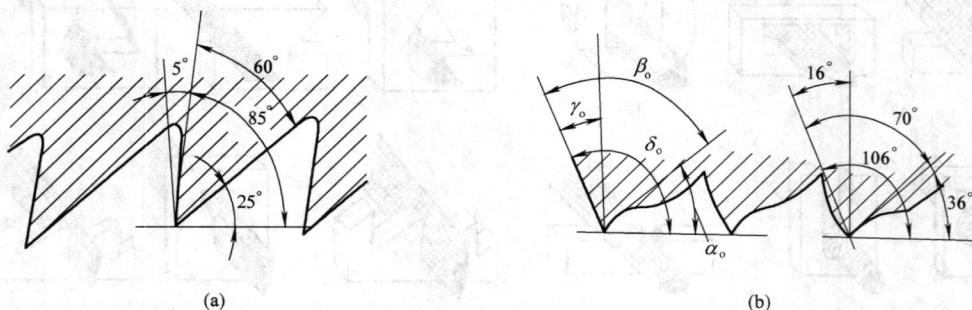

图 5-4 锉齿的切削角度
（a）铣齿锉齿；（b）剁齿锉齿

（2）锉齿的粗细规格是按锉刀齿纹的齿距大小来表示的。齿距大，用于粗锉刀；齿距小，用于细锉刀。其粗细等级分以下几种：

1 号锉齿用于粗锉刀，齿距为 2.30～0.83mm；

2 号锉齿用于中粗锉刀，齿距为 0.77～0.42mm；

3 号锉齿用于细锉刀，齿距为 0.33～0.25mm；

4 号锉齿用于双细锉刀，齿距为 0.25～0.20mm；

5 号锉齿用于油光锉，齿距为 0.20～0.16mm。

2. 锉纹

锉纹是锉齿排列的图案，有单齿纹和双齿纹两种（见图 5-5）。

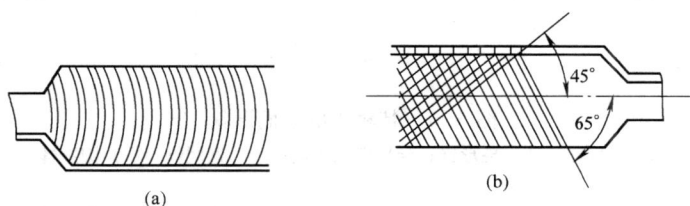

图 5-5　锉刀的齿纹
(a) 单齿纹；(b) 双齿纹

（1）单齿纹是指锉刀上只有一个方向的齿纹，适用于锉削软材料。

单齿纹多为铣制齿，正前角切削，齿的强度弱，全齿宽同时参加切削，锉除的切屑不易碎断，甚至与锉刀等宽，故切削阻力大，需要较大的切削力，因此只适用于锉削软材料及窄面工件。

（2）双齿纹是指锉刀上有两个方向排列的齿纹，适用于锉硬材料。

双齿纹大多为剁齿，先剁上去的为底齿纹（齿纹浅），后剁上去的为面齿纹（齿纹深）。面齿纹和底齿纹的方向、角度不一样，这样形成的锉齿沿锉刀中心线方向形成倾斜和有规律排列。

锉削时，每个齿的锉痕交错而不重叠，锉面比较光滑。锉削时切屑是碎断的，从而减小切削阻力，使锉削省力，锉齿强度也高，因此双齿纹锉刀适于锉硬材料及锉削宽面工件。

三、锉刀的种类

锉刀通常分为普通锉、特种锉和整形锉三类。

（1）普通锉主要用于一般工件的加工。按其断面形状不同，又分为平锉（板锉）、方锉、三角锉、半圆锉和圆锉五种（见图 5-6），可适用于不同表面的加工。普通锉刀可按照每 10mm 长度上齿纹的数量，分为粗齿（4～12 齿）、细齿（13～24 齿）和油光齿（30～40 齿）三种。

（2）特种锉是用来加工零件的特殊表面的。有刀口锉、菱形锉、扁三角锉、椭圆锉、圆肚锉等（见图 5-7）。

（3）整形锉（组锉或什锦锉）主要用于细小零件、窄小表面的加工及冲模、样板的精细加工和修整工件上的细小部分（见图 5-8）。整形锉刀的长度和截面尺寸均很小，截面形状有圆形、不等边三角形、矩形、半圆形等。通常以每组 5 把、6 把、8 把、10 把或 12 把为一套。

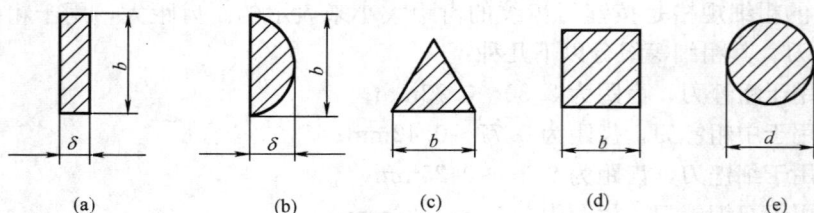

图 5-6　普通钳工锉断面形状

(a) 平锉；(b) 半圆锉；(c) 三角锉；(d) 方锉；(e) 圆锉

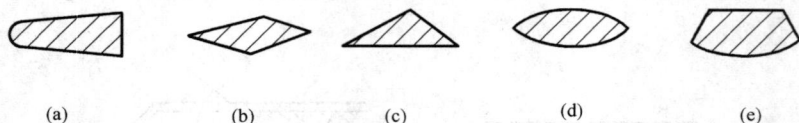

图 5-7　特种锉的断面形状

(a) 刀口锉；(b) 菱形锉；(c) 扁三角锉；(d) 椭圆锉；(e) 圆肚锉

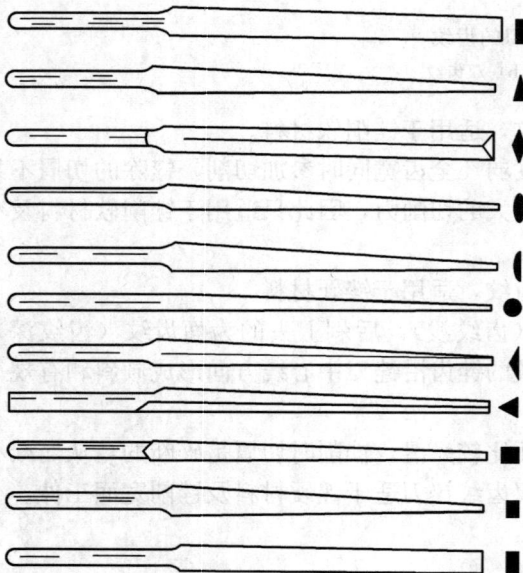

图 5-8　整形锉

锉刀的规格一般用锉刀有齿部分的长度表示。板锉常用的有 100、150、200、250、300mm 等多种。锉刀的尺寸规格，不同的锉刀用不同的参数表示。圆锉刀的尺寸规格以直径表示，方锉刀和三角锉的规格以边长表示，其他锉刀以锉身长度表示。

四、锉刀的合理选用

锉刀的选用合理与否对提高锉削效率、保证锉削质量、延长锉刀使用寿命有很大影响。每种锉刀都有它一定的用途，锉削前必须认真选择合适的锉刀。如果选择不当，就不能充分发挥它的效能或导致过早地丧失切削能力，不能保证锉削质量。不同加工表面所使用的锉刀如图 5-2 所示。

正确地选择锉刀要根据加工对象的具体情况从如下几个方面考虑。

(1) 锉刀断面形状的选择，取决于被加工面的形状。

(2) 锉刀粗细的选择取决于工件加工余量的大小、加工精度和表面粗糙度要求的高低、工件材料的软硬等。粗锉刀（或单齿纹锉刀）由于齿距较大，容屑空间大，不易堵塞，适用于锉削加工余量大、加工精度低和表面粗糙度数值大的工件及锉削铜、铝等软金属材料；细锉刀适用于锉削加工余量小、加工精度高和表面粗糙度数值小的工件及锉削钢、铸铁等；油光锉用于最后的精加工，修光工件表面，以提高尺寸精度，减小粗糙度。

(3) 锉刀尺寸规格的大小取决于工件加工面尺寸的大小和加工余量的大小。锉刀的长度一般应比锉削面长 150～200mm。加工面尺寸较大，加工余量也较大时，宜选用较长锉刀；反之，则选用较短的锉刀。

第三节 锉削操作要领

一、锉刀柄的装卸

为了控制锉刀且便于用力，使用锉刀时必须安装锉刀木柄（什锦锉除外）。锉刀柄的木料要坚韧，并用铁箍套在柄的孔端上，以防劈裂。锉刀柄安装孔的深度约等于锉刀舌的长度，孔的大小相当于锉刀舌能自由插入孔的 1/2。然后按图 5-9 所示，用左手扶柄，右手将锉刀舌插入锉刀柄孔内，轻轻镦紧，放开左手，再用右手将锉刀垂直地镦紧，镦紧长度约等于锉刀舌的 3/4 即可。

二、锉刀的握法

正确握持锉刀对于锉削质量的提高、锉削力的运用和发挥以及操作时的疲劳程度都有一定的影响。由于锉刀的大小和形状不同，所以锉刀的握持方法也有所不同。

（1）大型锉刀的握法（见图 5-10）。大于 250mm 板锉的握法，右手紧握锉刀柄，柄端抵在拇指根部的手掌上，大拇指放在锉刀柄上部，其余手指由下而上地握着锉刀柄；左手的基本握法是将拇指的根部肌肉压在锉刀头上，拇指自然伸直，其余四指弯向手心，用中指、无名指捏住锉刀前端。右手推动锉刀并决定推动方向，左手协同右手使锉刀保持平衡。

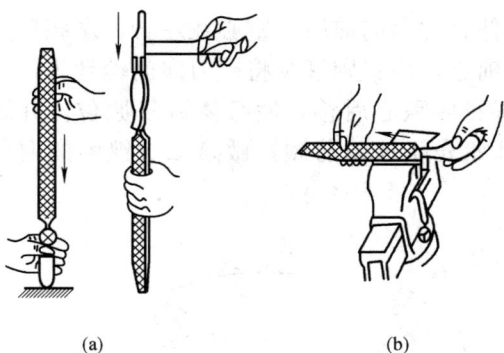

(a)   (b)

图 5-9 锉刀柄的装卸   图 5-10 大型锉刀的握法

(a) 锉刀柄的安装；(b) 锉刀柄的拆卸

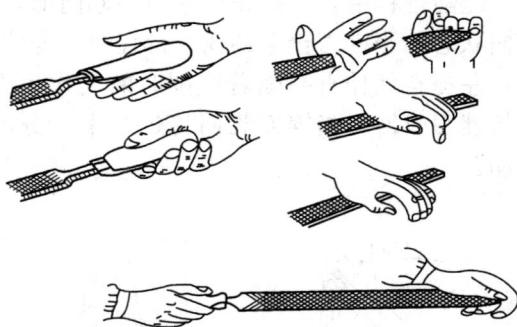

（2）中型锉刀的握法。对于 200mm 左右的中型锉刀，其右手握法与大锉刀的握法相同，左手用大拇指、食指、中指轻轻地扶持即可（见图 5-11）。

（3）小型锉刀的握法。150mm 左右的小型锉刀，所需锉削力小，用左手大拇指、食指、中指捏住锉刀端部即可（见图 5-11）。150mm 以下的更小锉刀，只需右手握住即可。

三、站立姿势

两腿自然站立，身体重心稍微偏于后脚。身体与虎钳中心线大致成 45°，且略向前倾；左脚跨前半步（左右两脚后跟之间的距离为 250～300mm），脚掌与虎钳成 30°，膝盖处稍有弯曲，保持自然；右脚要站稳伸直，不要过于用力，脚掌与虎钳成75°；视线要落在工件的切削部位上（见图5-12）。

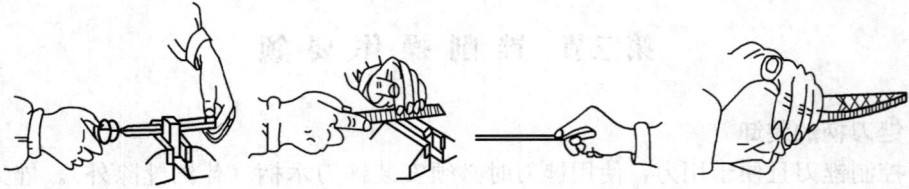

图5-11　中小型锉刀的握法

四、锉削动作

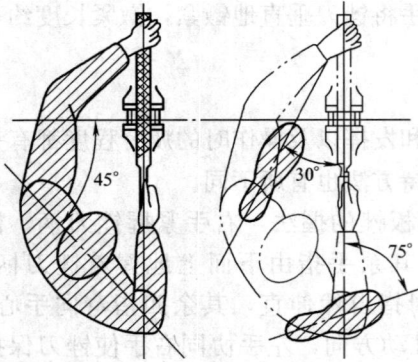

图5-12　锉削时的站立步位和姿势

开始锉削时，人的身体向前倾斜10°左右，左膝稍有弯曲，右肘尽量向后收缩；锉削的前1/3行程中，身体前倾至15°左右，左膝稍有弯曲；锉刀推出2/3行程时，右肘向前推进锉刀，身体逐渐向前倾斜18°左右；锉刀推出全程（锉削最后1/3行程）时，右肘继续向前推进锉刀至尽头，身体自然地退回到15°左右（见图5-13）；推锉行程终止时，两手按住锉刀，把锉刀略微提起，使身体和手回复到开始的姿势，在不施加压力的情况下抽回锉刀，再如此进行下一次的锉削。

锉削行程中，身体先于锉刀一起向前，右脚伸直并稍向前倾，重心在左脚，左膝部呈弯曲状态；当锉刀锉至约3/4行程时，身体停止前进，两臂则继续将锉刀向前锉到头，同时，左腿自然伸直并随着锉削时的反作用力，将身体重心后移，使身体恢复原位，并顺势将锉刀收回；当锉刀收回将近结束，身体又开始先于锉刀前倾，做第二次锉削的向前运动。

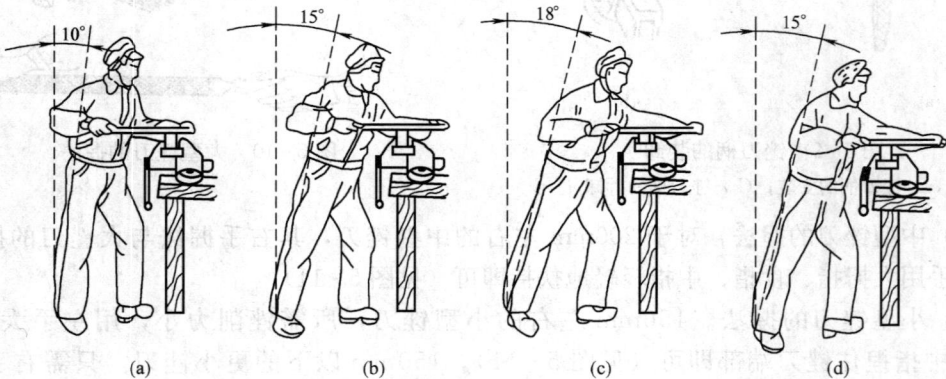

图5-13　锉削姿势、动作
（a）锉削开始；（b）锉削至1/3行程；（c）锉削至2/3行程；（d）锉削至最后1/3行程

锉削姿势的正确掌握，必须从握锉、站立步位和姿势动作以及操作用力这几方面进行协调一致的反复练习才能达到。锉削是钳工的一项重要基本操作，而正确的姿势是掌握锉削技能的基础，因此必须参加练习。初次练习会出现各种不正确的姿势，特别是身体与双手动作的不协调，要随时注意及时纠正，不能让不正确的姿势成为习惯。在练习姿势动作时，要注意掌握两手用力如何变化才能使锉刀在工件上保持直线的平衡运动。

五、锉削力和锉削速度

（1）锉削时两手的用力。要锉出平直的平面，必须使锉刀保持直线的锉削运动。推进锉刀时两手施加在锉刀上的压力应做到平稳而不上下摆动，锉削时推力的大小由右手控制，而压力的大小是由两手控制的（见图5-14）。为了保持锉刀的平移，两手用在锉刀上的力应始终保持锉刀平衡。为此，锉削时右手的压力要随锉刀推动而逐渐增加，左手的压力则要随锉刀推动而逐渐减小。回程时不加压力，以减少锉齿的磨损。

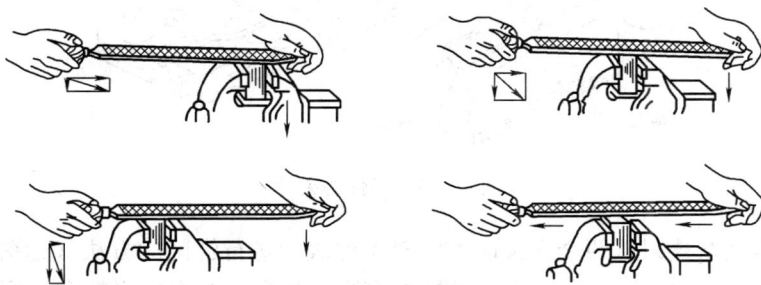

图 5-14　锉平面时的两手用力

（2）锉削速度。锉削速度一般约为 40 次/min。推出时稍慢，回程时稍快，动作要自然协调。

第四节　锉　削　方　法

一、工件的夹持

工件夹持的正确与否，直接影响到锉削质量和效率，因此夹持工件时应按图5-15所示做到以下几点。

（1）工件应夹持在钳口中间，使虎钳受力均匀。

（2）工件夹持要紧，但不应使工件变形。

（3）工件夹持伸出钳口不易过高，以防锉削时产生振动。

（4）夹持不规则的工件应加衬垫，薄工件可以钉在木板上，再将木板夹在台虎钳上进行锉削；锉大而薄的工件边缘时，可用两块三角铁或夹板夹紧，再将其夹在台虎钳上进行锉削。

（5）夹持已加工面和精密工件时，应用钳口垫铁（铝或紫铜制成），以免夹伤表面。

二、平面的锉削

平面锉削的方法包括顺向锉、交叉锉和推锉。

（1）顺向锉是指锉刀始终沿着同一方向运动的锉削（见图5-16）。顺向锉锉痕整齐、方向一致，是一种最基本的锉削方法。

顺向锉常用于锉削余量及最后锉光和小平面的锉削。锉削技术低时，易产生中凸现象。

在锉宽平面时，为使整个加工表面能够均匀地锉削，每次退回锉刀时应在横向做适当的移动，以便均匀锉削整个加工表面。

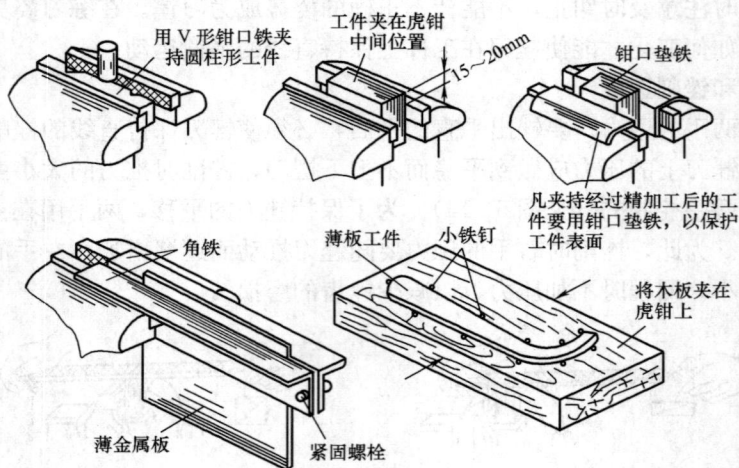

图 5-15　工件的夹持

（2）交叉锉是指锉刀从两个交叉的方向对工件表面进行锉削的方法（见图 5-17）。锉刀运动方向与工件夹持方向成 50°～60°，且锉纹交叉。先沿一个方向将整个平面锉一遍，然后沿与前一方向垂直的方向将整个平面再锉一遍。交叉锉的特点锉削表面平整，易消除中凸现象，效率高。交叉锉时，锉刀与工件的接触面大，锉刀容易掌握平稳，同时工件锉削表面上有交叉网纹，从锉痕上能明显地看出高低差别，可以判断出锉削面的高低情况，便于不断地修正锉削部位，因此容易锉平平面。交叉锉是较常采用的一种锉削方法。

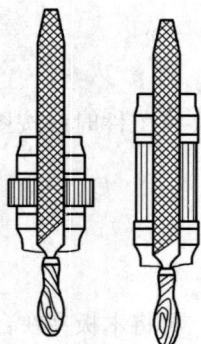

图 5-16　顺向锉法

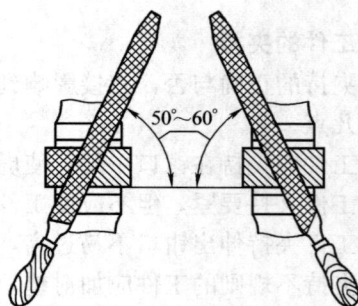

图 5-17　交叉锉

交叉锉法一般适用于粗加工和去除余量。精锉时必须采用顺向锉，使锉痕变直、纹理一致，以得到顺直的锉痕。

（3）推锉是两手对称地横握锉刀，两个大拇指均衡地用力推、拉锉刀进行锉削的方法（见图 5-18）。

推锉法的特点是锉削表面平整、精度高、效率低。由于推锉时锉刀的平衡易于掌握且切削量小，因此便于获得较平整的加工平面和较小的表面粗糙度，并能获得顺向锉纹。但是推

锉法不能充分发挥手的推力，切削效率
不高。

由于推锉时的切削量很小，所以常用在
加工余量较小、修正尺寸或在锉刀推进受阻
时使用。一般常用做对狭长小平面的平面度
修整或对有凸台的狭平面以及为使内圆弧面
的锉纹成顺圆弧方向的精锉加工、修整锉
纹等。

平面锉削通常按交叉锉、顺向锉、推锉
的次序进行锉削加工。

平面锉削时，要做到锉削力的正确和熟

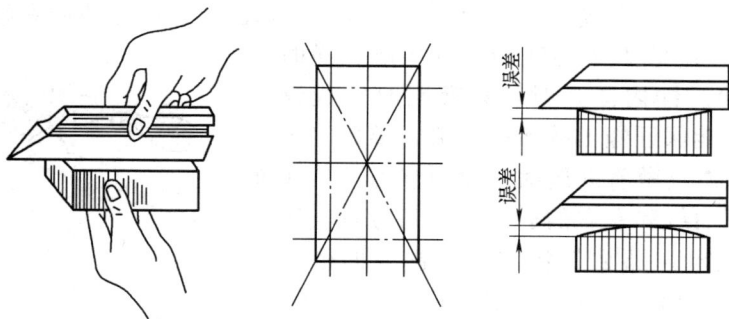

图 5-18 推锉法
(a) 锉平面；(b) 锉弧面

练运用，使锉削时保持锉刀的直线平衡运动，在操作中就要集中注意力，用心研究练习
过程。

用锉刀锉平平面的技能技巧只有通过反复的、多样性的刻苦练习才能形成，而掌握要领
的练习可加快掌握技能技巧的形成。

平面锉削中的平面度通常利用刀口形直尺（或钢直尺）采用透光法来检验（见图
5-19）。用刀口形直尺在加工面的纵向、横向和对角线方向逐一进行检查，以透过光线的均
匀度及强弱来判断加工面是否平直。平面度误差值可用塞尺来检查确定。

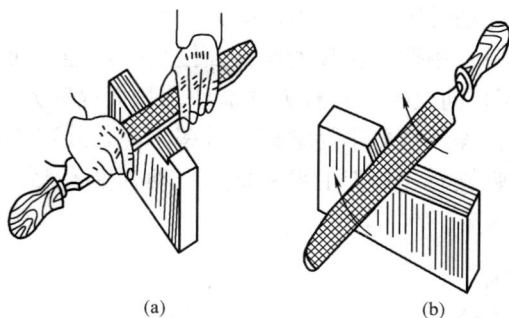

图 5-19 平面度检验

细板锉一般能加工出表面粗糙度为 $Ra3.2\mu m$ 的表面。为了达到更光洁的加工面，可在
锉刀的齿面涂上粉笔灰，使每锉的切削量减少，又可使锉屑不易嵌入锉刀齿纹内，锉出加工
面的表面粗糙度可达 $Ra1.6\mu m$。用细板锉做精加工表面时锉削力不需很大。

三、曲面的锉削

曲面锉削常用于配键、机械加工较为困难的曲面件，如凹凸曲面模具、曲面样板、凸轮
轮廓曲面等的加工和修整，以及增加工件的外形美观。

曲面由各种不同的曲线形面所组成。最基本的曲面是单一的外圆弧面和内圆弧面。掌握
内外圆弧面的锉削方法和技能，是掌握各种曲面锉削的基础。

1. 锉削外圆弧面

锉削外圆弧面所用的锉刀都为板锉。锉削时锉刀要同时完成前进和转动两个运动。即锉
刀在做前进运动的同时还应做绕工件圆弧中心的转动（见图 5-20）。

锉削外圆弧面的方法有以下两种。

（1）用摆锉法顺着圆弧面锉削时，锉刀向前，右手将锉刀柄部向下压，左手将锉刀前端（尖端）向上抬。这种方法能使圆弧面锉削光洁圆滑，不会出现棱边现象，但不易发挥锉削力量，锉削位置不易掌握且效率不高，故适用于精锉圆弧面或加工余量较小的圆弧面。在顺向圆弧锉时，锉刀上翘下摆的摆动幅度要大，才易于锉圆。

（2）横着圆弧面锉削时，锉刀做直线运动，并不断随圆弧面摆动。这种方法容易发挥锉削力量，能较快地把圆弧外的部分锉成接近圆弧的多边形，锉削效率高且便于按划线均匀锉近弧线，但只能锉成近似圆弧面的多棱面，故适用于加工余量较大的圆弧面粗加工。当按圆弧要求锉成多边形后，应再用顺着圆弧面锉的方法精锉成形。

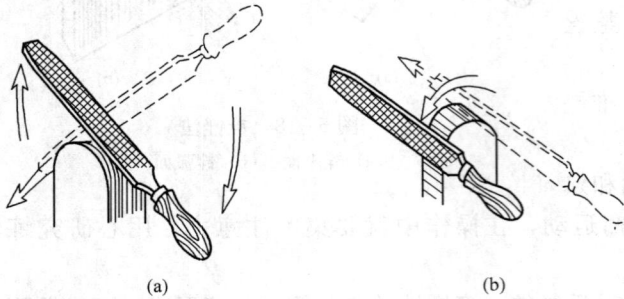

图 5-20　外圆弧锉削方法

2. 锉削内圆弧面

锉削内圆弧面的锉刀可选用圆锉或掏锉（圆弧半径较小时）、半圆锉和方锉（圆弧半径较大时）。

锉削时锉刀要同时完成三个运动：前进运动；随圆弧面向左或向右移动（约半个到一个锉刀直径）；绕锉刀中心线转动（向顺、逆时针方向转动约 90°）。锉内圆弧时，只有同时完成锉刀的三个运动，才能保证锉出的弧面光滑、准确（见图 5-21）。如果锉刀只做前进运动，即圆锉刀的工作面不做沿工件圆弧曲线和左右的运动，而只做垂直于工件圆弧方向的运动，那么就将圆弧面锉成凹形（深坑）；如果锉刀只有前进和向左（或向右）的移动，

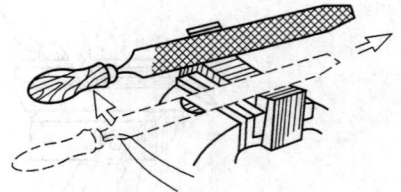

图 5-21　内圆弧锉削

锉刀的工作面仍不做沿工件圆弧曲线的运动，那么锉出的圆弧面将成棱形。锉削时只有将三种运动同时完成，才能使锉刀工件面沿工件的圆弧做锉削运动，才能得到圆滑的内弧面。

3. 球面的锉削

锉削圆柱形工件端部的球面时，锉刀要以顺向和横向两种曲面锉法结合进行，如此才能有效地获得要求的球面（见图 5-22）。

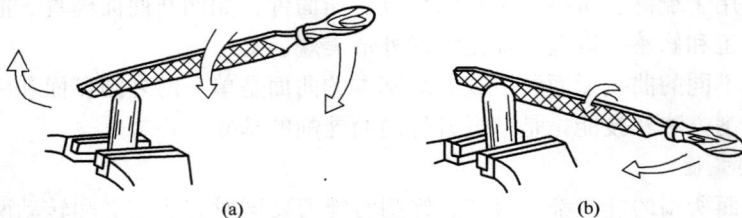

图 5-22　球面锉削

4. 平面与曲面连接

锉削平面与曲面的过渡面要先加工平面，然后加工曲面（见图5-23）。

一般情况下，应先加工平面，然后加工曲面，这样能使曲面与平面的连接较为圆滑。如果先加工曲面后加工平面，则在加工平面时，由于锉刀侧面无依靠而产生左右移动，使已加工曲面损伤，而且很难保证对称的中心面；此外，连接处不容易锉圆滑，平面与外圆弧面连接时圆弧面也不能与平面很好地相切。

圆弧锉削中常出现以下几种形体误差：圆弧不圆呈多角形，圆弧半径过大或过小；圆弧横向直线度和与基准面的垂直度误差大，不按划线加工造成位置尺寸不正确；表面粗糙度大、纹理不整齐。练习时应注意加以避免。

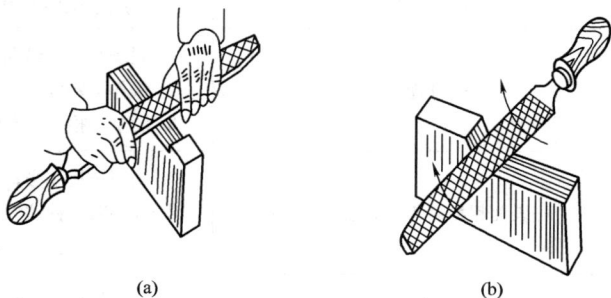

(a) (b)

图5-23 平面与曲面的连接图

第五节 锉削安全技术和废品分析

一、锉削安全注意事项

（1）锉刀必须装柄使用，以免刺伤手腕。松动的锉刀柄应装紧后再用。

（2）不准用嘴吹锉屑，也不要用手清除锉屑。当锉刀堵塞后，应用钢丝刷顺着锉纹方向刷去锉屑。

（3）对铸件上的硬皮或粘砂、锻件上的飞边或毛刺等，应先用砂轮磨去，然后再锉削。

（4）锉削时不准用手摸锉过的表面，因手上有汗或油污再锉时易打滑。

（5）锉刀不能用做橇棒或敲击工件，以防锉刀折断伤人。

（6）放置锉刀时，不要使其露出工作台面，以防锉刀跌落摔坏或伤脚；不能把锉刀与锉刀叠放或锉刀与量具叠放。

二、锉削面不平的类型及原因

锉削平面时，锉削面常出现的缺陷及原因见表5-1。

表 5-1　　　　　　　　　　　　　锉削面不平的类型及原因

类 型	主 要 原 因
平面中凸	1. 未掌握锉削动作要领； 2. 两手用力不当，锉刀摆动； 3. 锉刀本身中凹
对角扭曲	1. 左手或右手施加压力时，重心偏向锉刀的一侧； 2. 工件夹持歪斜； 3. 锉刀面本身扭曲
平面横向中凸或中凹	锉削时，锉刀左右移动不均匀

三、锉削废品分析

锉削时产生废品的类型及原因见表 5 - 2。

表 5 - 2　　　　　　　　锉削时产生废品的类型及原因

废 品 类 型	产 生 原 因
工件夹坏	夹持方法不正确或紧力太大
尺寸超差	1. 划线时产生错误； 2. 操作不熟练，锉出加工线； 3. 测量、检查不及时，方法不正确
表面粗糙度不符合要求	1. 锉刀选用不当； 2. 锉削时，锉纹太深； 3. 锉屑嵌在锉纹中未清除
锉伤了不应该错的表面	1. 锉刀选用不当； 2. 锉刀打滑把邻近平面锉伤

思　考　题

5 - 1　锉刀的种类有哪些？

5 - 2　锉刀的选择原则是什么？

5 - 3　锉刀的使用和保养应注意哪些问题？

5 - 4　锉削平面时，平面不平的类型有哪些？产生的原因是什么？

技　能　训　练

一、锉削长方体

1. 材料

HT150，规格 74mm×44mm×36mm，如图 5 - 24 所示。

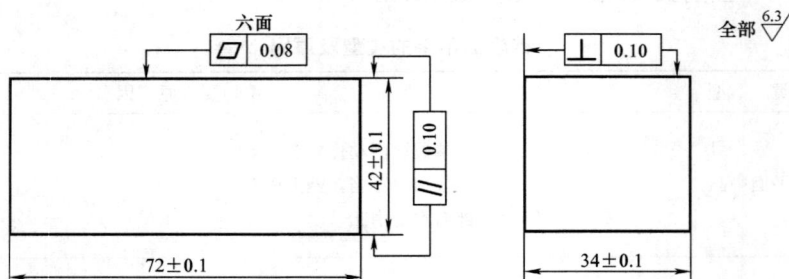

图 5 - 24　锉削长方体

2. 操作技能要求

掌握正确锉削姿势；提高平面锉削技能；正确使用量具。

3. 所用工具、量具、刃具及材料

锯弓、锯条、平锉、三角锉、钢直尺、刀口形直尺、90°角尺、游标高度尺、游标卡尺等。

4. 操作要点及图解

(1) 步骤。

1) 选择最大的平面 1 作为基准面进行粗、精锉削，同时检查平面度。符合技术要求后即可作为六面体的加工基准面（见图 5-25）。

2) 按长方体各面的编号顺序划线，依次对各面进行粗、精锉加工，用刀口形直尺、90°角尺、游标卡尺等测量控制平面度、垂直度和尺寸精度，直至符合技术要求为止。

3) 复检、去毛刺。

(2) 注意事项。

1) 养成正确的锉削姿势，要求协调、自然。

2) 锉削六面体各表面时，要先选择最大平面作为锉削基准面。按照"先锉平行面后锉垂直面"的原则，才能减少积累误差，达到规定尺寸和相对位置精度。

图 5-25 六面体加工顺序示意图

3) 在检查垂直度时，注意尺座紧贴基准面，从上向下移动，压力不宜太大；否则易造成尺座离开工件基准面，导致测量不准确。

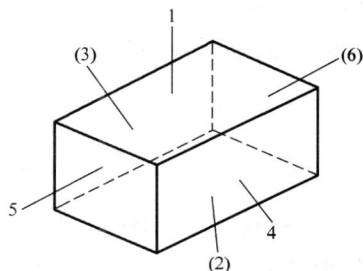

二、T 形件锉配

T 形件锉配时，必须保证凸件对称度要求，各内角应做成清角，否则会影响两件相配时的配合精度。

1. 工件分析

如图 5-26 所示，为封闭式对称 T 形件锉配。凸件（外 T 形体）材料为 45 钢，坯料尺寸为 33mm×33mm×8mm，各锉削平面的平面度要求为 0.02mm，16mm 尺寸有对称度要求，锉削平面与基准大面的垂直度要求为 0.02mm，各角要锉成清角。因此，锉配时必须使用光边锉刀，且锉刀工作面与磨光的侧面之间夹角小于 90°，侧边直线性要好。凹件材料为 45 钢，坯料尺寸为 65mm×65mm×8mm，凹件与凸件配合间隙小于 0.08mm（8 面），喇叭口小于 0.14mm（8 面），各角清晰，能正反互换配合。

2. 操作步骤

(1) 外 T 形体加工。

1) 划线、锉成正方形，达到尺寸、平面度、垂直度、平行度、表面粗糙度等要求。

2) 以相邻两垂直面作划线基准，划出 T 形件各平面加工线。

3) 按划线锯去 T 形件的右侧垂直角，粗、精锉两垂直面，根据 32mm 处的实际尺寸，通过控制 24mm（32mm 尺寸的一半加上 16mm 尺寸的一半）的尺寸误差，保证 $16_{-0.04}^{0}$ 的尺寸要求和对称度要求，并直接锉出底面的尺寸 $16_{-0.04}^{0}$。

4) 锯去 T 形体的左侧的垂直角，粗、精锉两垂直面，达到图样要求。

5) 将各棱边倒钝并复检尺寸等。

(2) 锉配内 T 形体。

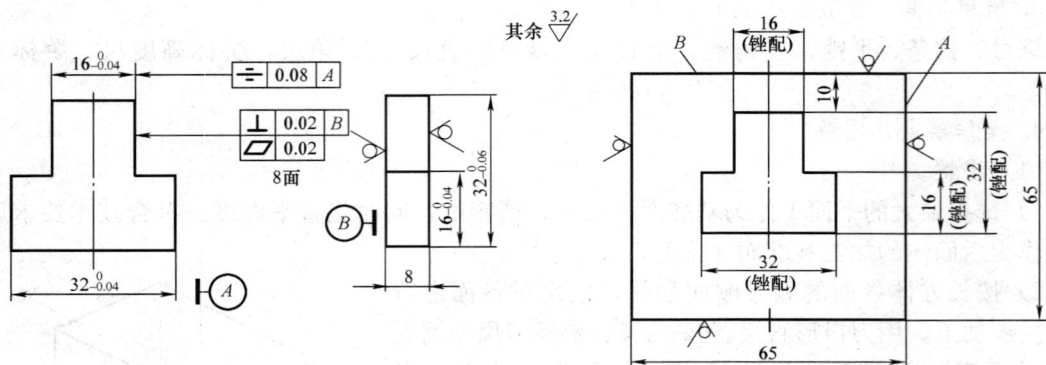

图 5-26 T 形件

1）检测 A、B 两面，保证 A、B 有较高的垂直度，以 A、B 两面为划线基准，划出内 T 形全部加工线。

2）钻排孔去除 T 形孔内余料。粗锉各面，各边留 0.1～0.2mm 精锉余量。

3）精锉 32mm×16mm 长方孔四面，保证与相关面的平行度和垂直度，并用外 T 形体大端处试塞，使两端能较紧塞入，且形体位置准确。

4）精锉 16mm×16mm 的左面、右面及上面，保证与相关面垂直和平行，并用外 T 形体的相关尺寸检查，能较紧地塞入。

5）用透光和涂色法检查，逐步进行整体修锉，使外 T 形体推进推出松紧适当，然后做翻转试配，仍用涂色法检查修锉，达到互换配合要求。

6）复查后各锐边倒钝。

3．注意事项

（1）加工凸件时，只能先做一侧，一侧符合要求后再做另一侧，及时检测对称度。

（2）为防止产生较大的喇叭口，加工中尽量保证各面的平面度及垂直度。

（3）为保证正反互换配合，一定要使凸件的各项加工误差控制在最小允许误差范围内。

（4）为防止加工中锉伤邻面，应使用光边锉刀，注意各角应清角。

锯 削

教 学 目 标

1. 了解锯条的安装要求；
2. 了解锯条折断、崩齿的原因及预防方法；
3. 掌握正确的锯削操作要领和技巧；
4. 了解锯削的安全技术。

第一节 概 述

用手锯把材料或工件进行分割或切槽等的操作称锯削（见图 6-1）。

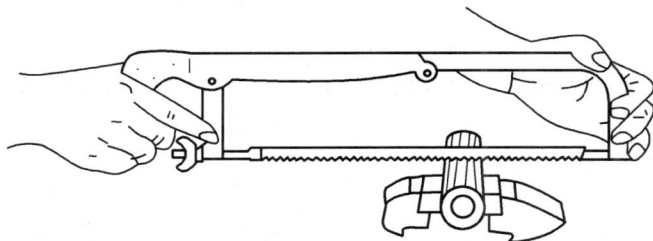

图 6-1 锯削

锯削是一种切削加工，分手工锯削和机械锯削两种。锯削适用于较小材料或工件的加工以及其他方式不便于加工的场合，锯削的加工范围包括将材料锯断、锯掉工件上的多余部分及在工件上锯槽。

锯削的应用如图 6-2 所示。

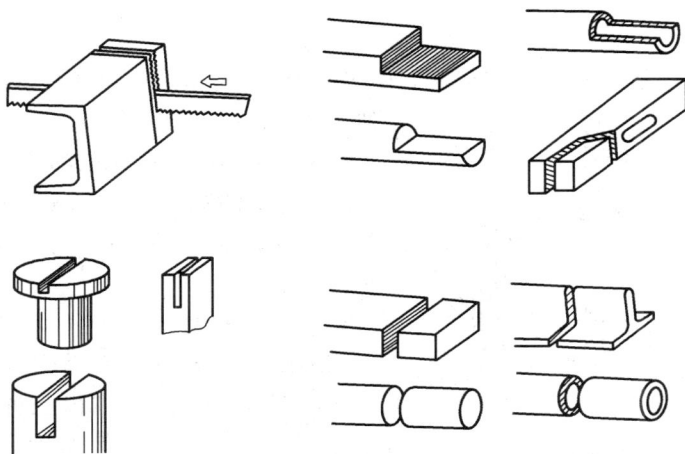

图 6-2 锯削应用

第二节 锯 削 工 具

一、手锯

手锯（又称钢锯）由锯弓和锯条构成。锯弓是用来安装锯条的，分为固定式和可调式两种（见图6-3）。固定式锯弓只能安装一种长度的锯条；可调式锯弓通过调整可以安装不同长度的锯条，并且可调式锯弓的锯柄形状便于用力，所以应用广泛。

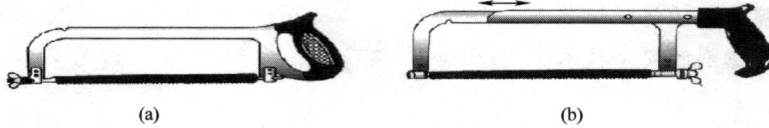

(a)   (b)

图6-3 锯弓
（a）固定式；（b）可调式

二、锯条

1. 锯齿的角度

锯条的切削部分是由许多锯齿组成的。锯削时，为了减少锯齿后面与工件之间的摩擦，并使切削部分具有足够的容屑空间，故锯齿的后角较大，一般后角 $\alpha=40°\sim45°$，前角 $\gamma=0°$，楔角 $\beta=45°\sim50°$，如图6-4所示。

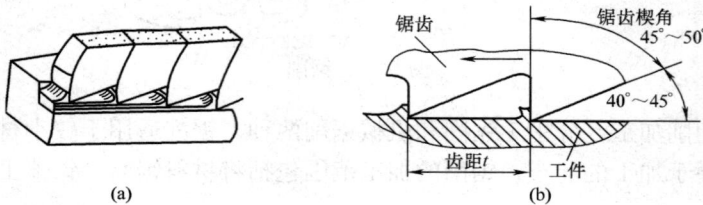

图6-4 锯齿的切削角度

2. 锯路

为了减小摩擦，制作锯条时，将锯齿按一定规律左右相互错开排列，呈交错形或波浪形排列，称为锯路（见图6-5）。

锯条有了锯路，可使锯削时工件上的锯缝宽度大于锯条背部的宽度，从而减少了锯缝两侧与锯条的摩擦，便于排屑，避免夹锯，减少了锯条磨损或折断。

3. 锯齿的粗细

为了适应不同材料的锯削，锯条以锯齿大小不同做成粗齿、中齿和细齿三种。常用锯条的粗齿、中齿和细齿的齿距为1.8mm、1.4mm和1.1mm。

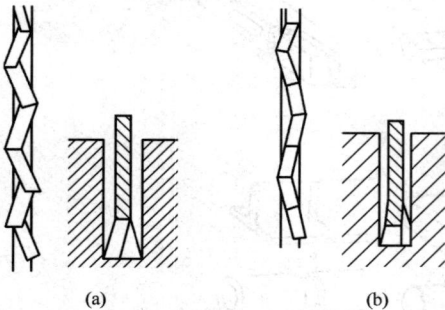

(a)   (b)

图6-5 锯路
（a）交叉形；（b）波浪形

4. 锯条选择

锯条使用时应根据所锯材料的软硬和厚薄来选用。锯削铜、铝、铸铁、低碳钢等较软材料或较厚的材料时应选用粗齿锯条；锯削薄钢板、管子、角钢等较薄或较硬材料时应选用细齿锯条。锯齿的粗细规格及应用见表6-1。

表6-1　　　　　　　　　　　锯条的规格和应用

锯齿粗细	每25mm齿数	应　　用
粗	14～18	软钢、黄铜、铝铸铁等
中	22～24	中等硬度钢、厚壁管子等
细	32	工具钢、薄壁管子等

5. 锯条的安装

锯削时，手锯向前推进起切削作用，反之则不起切削作用。锯条安装在锯弓两夹头的销钉上时，锯条的一侧面应紧贴在夹头平面上，锯齿齿尖方向应向前（见图6-6）。旋紧蝶形螺母，拉紧锯条。锯条安装时不可过紧或过松，若太紧锯条受力过大，在锯削中用力稍有不当就会折断；太松则锯条容易扭曲，也易折断，而且锯出的锯缝容易歪斜。一般用手拨动锯条时，手感硬实并略带弹性，则锯条松紧适宜。锯条装好后，应检查是否歪斜，如有歪斜，则需校正。校正方法是先把蝶形螺母再旋紧些，然后旋松，以消除扭曲现象。

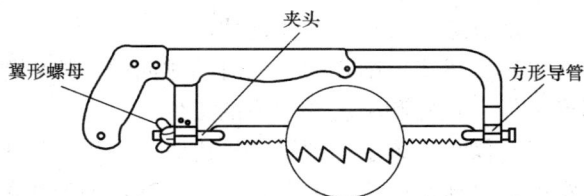

图6-6　锯条的安装

第三节　锯削操作要领

一、站立姿势

锯削时的站立位置和身体姿势与錾削基本相同，摆动要自然。

二、握锯

如图6-7所示，右手握住锯柄，左手轻扶在锯弓前端，双手将手锯扶正，放在工件上锯削。

三、起锯

起锯时，将左手拇指按在锯削的位置上，使锯条侧面靠住拇指指甲。起锯角约15°，推动手锯，此时行程要短，压力要小，速度要慢。当锯齿切入工件2～3mm时，左手拇指离开工件，放在手锯前端，扶正手锯进入正常的锯削状态。起锯的方法有两种：一种是近起锯法，在靠近操作者一端的工件上起锯（见图6-8）；另一种是远起锯法，在远离操作者一端起锯（见图6-9）。后者起锯方便，起锯角度容易掌握，锯齿能逐步切入工件中，是常用的一种起锯方法。

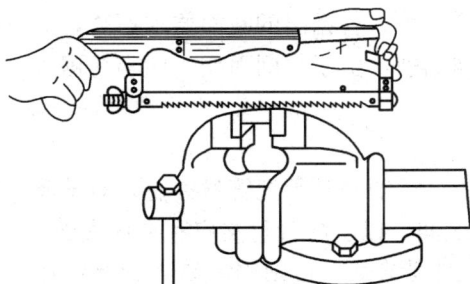

图6-7　握锯方法

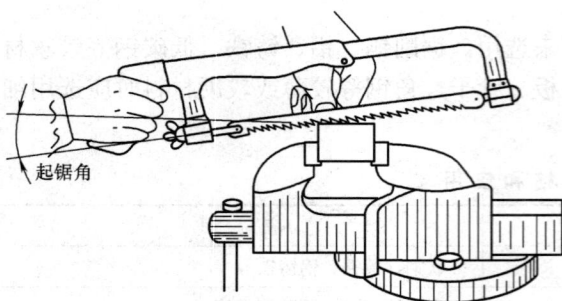

图 6-8　近起锯法　　　　　　　　　　图 6-9　远起锯法

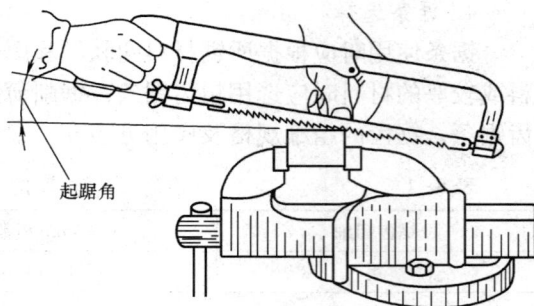

四、锯削

锯削时，向前的推力和压力大小主要由右手掌握，左手配合右手扶正锯弓，压力不要过大，否则容易导致锯条折断。推锯时，身体略向前倾，双手同时对锯弓加推力和压力，回程时不可加压力，并将锯弓稍微抬起，以减少锯齿的磨损。当工件将被锯断时，应减轻压力、放慢速度，并用左手托住锯断掉下一端，防止锯断部分落下摔坏或砸伤脚。

锯削姿势有直线式和摆动式两种。

（1）直线式锯削：同锉削时的顺向锉一样，锯条做平直运动，产生的锯缝小，适用于锯薄形工件、直槽和精度要求高的工件。

（2）摆动式锯削：即手锯推进时，左手略微上翘，右手下压；回程时右手上抬，左手自然跟回。这样锯削不易疲劳，且效率高，但产生的锯缝较大，适用于锯削断面大、精度要求低的工件。

五、压力、速度和行程

锯削压力应适当。锯削硬材料时，压力应大些，压力太小锯齿不易切入，可能打滑，并使锯齿磨钝。锯削软材料时，压力应小些，压力太大会使锯齿切入过深而产生咬住现象。手锯向前推时施加压力，后退时不施加压力，还应略微抬起，以减少锯条磨损。

锯削运动的速度一般为 20～40 次/min，锯削硬材料应慢些，锯削软材料应快些。同时，锯削速度应保持均匀，返回的速度应相对快些。

锯削时，最好使锯条的全长都能参加锯削，一般应使手锯往复行程的长度不小于锯条全长的三分之二。

六、锯削方法

1. 棒料锯削

如果锯削的断面要求平整，则应从开始连续锯到结束。若锯出的断面要求不高，则可改变棒料的位置，转过一定角度分几个方向锯削。这样锯削，由于锯削面变小而容易锯入，可提高工作效率。

2. 管材锯削

锯削管材前，可在管材的表面上划出锯削位置线。锯削时必须把管材夹正，对于薄壁管材和精加工过的管材，应夹在带有 V 形槽的两木块之间，以防将管材夹扁和夹坏表面。

锯削薄壁管材时不可在一个方向从开始连续锯削到结束，否则锯齿易被管壁钩住而崩裂。正确的方法应是：先在一个方向锯到管子内壁处，锯穿为止，然后把管子向推锯方向转过一定角度，并连接原锯缝再锯到管子的内壁处，如此不断转锯，直到锯断为止（见图6-10）。

3. 板料锯削

锯削时尽可能从宽面上锯下去。当只能在板料的狭面上锯下去时，可用两块木板夹持，连木块一起锯下，避免锯齿钩住，同时也增加了板料的刚度，使锯削过程中不发生颤动，如图6-11所示。

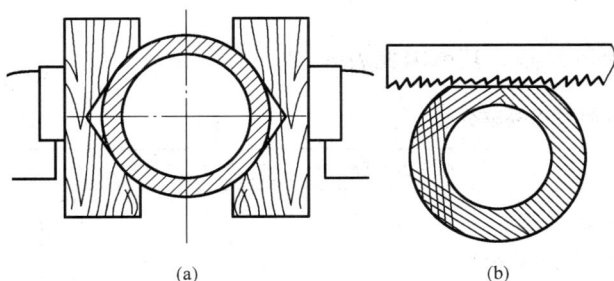

(a)　　　　(b)

图6-10　管材锯削

(a) 管材夹持方法；(b) 管材转位锯削

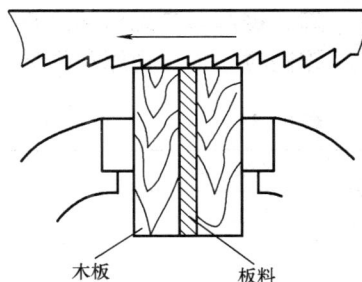

图6-11　板料锯削

4. 深缝锯削

当锯缝的深度超过锯弓的高度时，应将锯条转过90°重新装夹，使锯弓转到工件的旁边，也可把锯条装夹成使锯齿朝向锯内进行锯削，如图6-12所示。

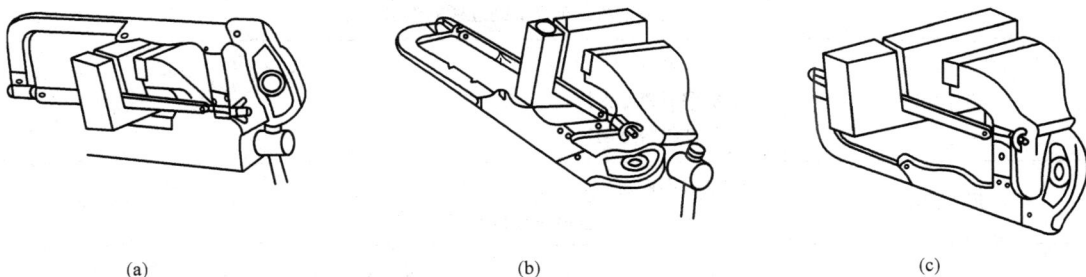

(a)　　　　　　　(b)　　　　　　　(c)

图6-12　深缝锯削

第四节　锯削安全技术和废品分析

一、安全操作及注意事项

锯削时需注意如下几点。

(1) 锯条应装的松紧适当，锯削时不可突然用力过猛，以防锯条折断后崩出伤人。工件应夹持在台虎钳的左边（左撇子除外），以便操作；锯削线应与钳口垂直，以防锯斜；锯削线离钳口不应太远，以防振动。工件要夹牢，以防锯削时工件移动而引起锯条折断。光滑表面不要夹得过紧，防止夹坏工件的已加工表面及引起工件的变形。

(2) 起锯方法和起锯角度要正确，锯削速度以20～40次/min为宜，材料软可快些，反之应慢些。速度太快，锯条容易磨钝，反而降低切削效率；速度太慢，效率不高。锯削钢件时宜添加适量切削液。

（3）要经常注意锯缝的平直情况并及时找正。工件将要锯断时，应减小压力，以避免因工件突然断开手却仍用力向前冲而产生事故；左手应扶持工件断开部分，右手减慢锯削速度逐渐锯断，避免工件掉下砸伤脚。

（4）锯削完毕，应将锯弓上蝶形螺母拧松些，但不要拆下锯条，以免零件散落，并妥善放好。

二、锯削时常见缺陷分析

锯削时，常出现锯条损坏、零件报废等缺陷，其原因见表 6-2。

表 6-2 锯削时常见缺陷分析

缺 陷	原 因 分 析
锯条折断	1. 锯条装的过紧或过松； 2. 压力太大，或用力偏离锯缝方向； 3. 工件没有夹紧，锯削受力后产生松动； 4. 锯缝产生歪斜后强行借正； 5. 新换锯条在旧锯缝中被卡住而折断； 6. 工件锯断时没有及时掌握，使手锯与虎钳等相撞而折断锯条
锯齿崩裂	1. 锯条选择不当，如锯薄板、管子时用粗齿锯条； 2. 起锯时角度太大，锯削时锯齿被卡住后，仍用力推锯； 3. 锯削速度过快，锯齿受到过猛的撞击
锯齿磨损	1. 冷却不够； 2. 锯削时速度太快； 3. 工件材料过硬
尺寸锯小	1. 划线不正确； 2. 操作不小心或技能掌握得不好
锯缝歪斜	1. 工件安装时产生歪斜，使锯削后的锯缝与工件表面不垂直； 2. 锯条安装太松或扭曲； 3. 使用锯齿两面磨损不均匀的锯条； 4. 锯削时，压力过大，使锯条偏摆； 5. 锯弓不正或用力后产生歪斜，使锯条斜靠在锯削断面的一侧
工件变形	1. 夹持工件的位置不恰当，锯削时变形； 2. 未采用辅助衬垫，把工件夹伤； 3. 夹紧力太大，把工件夹坏
表面拉毛	起锯时，压力太大，用力不稳，锯条滑出拉毛表面

思 考 题

6-1 如何按加工对象正确选择锯条的粗细？

6-2 如何正确安装锯条？

6-3 为什么远起锯比近起锯好？

6-4 锯管子和薄板时为什么容易断齿？怎样防止？

6-5 试分析锯条折断的常见原因。

技 能 训 练

一、锯削手锤坯料的二平行平面

1. 工件分析

工件技术要求如图 6-13 所示，A、B 两面在錾削时已经加工好，现需锯削 C、D 两面，保证图样要求。

2. 操作步骤

（1）工件表面涂色，把工件放在平板上，A 或 B 面靠紧 V 形铁，划出平面加工线，如图 6-14 所示。

（2）锯 C 面，保证该面垂直度和平面度达到图样要求。

（3）锯 D 面，保证两平面之间的尺寸满足要求。

（4）注意事项：

1）锯削时锯条装夹松紧合适，以免锯条折断后崩出伤人。

2）锯削时双手压力要合适，压力不能太大。锯削速度以 20～40 次/min 为宜。由于锯削的材料为 45 钢，可加少量机械油或乳化液，起到润滑、冷却作用，延长锯条的使用寿命。

3）工件在台虎钳上应夹牢，锯缝应尽量靠近钳口且与钳口垂直。操作过程中不能松动或发生振动。

4）当锯缝的深度超过锯弓的高度时，应将锯条转过 90°重新装夹，使锯弓转到工件的旁边进行锯削，也可把锯条装夹成使锯齿朝向锯内进行锯削，如图 6-12（b）、（c）所示。

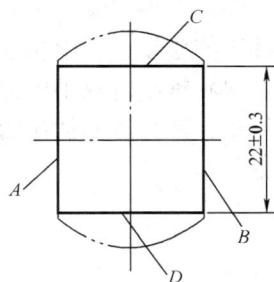

技术要求

1. 平面相互平行度误差≤1mm。

2. 平面度误差≤0.8mm。

图 6-13 技术要求

二、锯削椭圆四角

1. 工件分析

锯削椭圆四角，如图 6-15 所示。工件上已完成钻孔、铰孔、攻螺纹等加工工序。已经划出椭圆形状线条，锉削椭圆前需要锯去四角，保证锯削面的平面度、垂直度等技术要求。

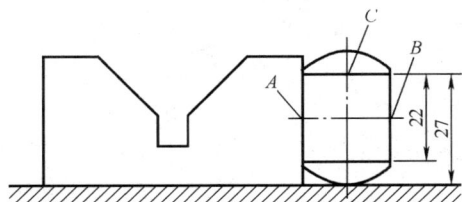

图 6-14 划线

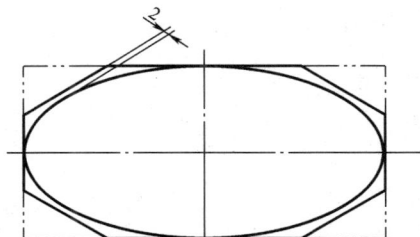

技术要求

1. 平面垂直度误差≤0.6mm。

2. 平面度误差≤0.6mm。

3. 锯割面至椭圆距离<2mm，但不碰线。

图 6-15 锯削四角

2. 操作步骤

（1）在长方体四角距椭圆 2mm 处用钢直尺和划针划出锯削位置线，并在四侧面上用刀口直角尺引出与大面锯削线垂直的起锯位置线。

（2）将工件夹持在台虎钳左边，使大平面上的锯削线与钳口垂直。

（3）沿所划线条锯削第一个角，保证图样要求。

（4）依次锯削其余 3 个角，保证图样要求。

3. 注意事项

（1）工件材料为铸铁，一般应选用中齿锯条，锯条装夹要正确，松紧程度要合适，锯削姿势应正确。

（2）起锯时，先把工件侧面与钳口平行夹持，沿起锯位置线锯一条深约 1mm 的槽，然后把工件倾斜装夹，使锯削线与钳口垂直，进行正常锯削。

（3）工件安装时，不应伸出钳口过长，锯缝应尽量靠近钳口，工件应夹紧，操作过程中工件不能松动或发生振动。

（4）锯削时双手压力要合适，不要因突然加大压力而使锯齿被工件棱边钩住产生崩齿或断锯条，回程时不加压力。锯削应注意锯缝的平直情况，及时借正，以免歪斜过多，难以纠正。

钻　　孔

教 学 目 标

1. 了解麻花钻头各部分的名称和作用；
2. 会使用台式钻床进行钻孔操作；
3. 掌握麻花钻的刃磨方法；
4. 了解钻孔切削用量和安全注意事项；
5. 了解各种特殊孔的钻削方法。

第一节　概　　述

一、钻孔

钻孔是钳工工艺中孔加工的主要方法，在机械制造业中应用广泛。

用钻头在实体材料上加工出孔的操作称为钻孔。用钻床钻孔时，工件装夹在钻床的工作台上固定不动，钻头装夹在钻床主轴上随主轴一起旋转，称为主运动；同时沿钻头轴线方向所做的直线运动，称为进给运动（见图7-1）。

钻孔是对孔的粗加工，钻孔时，由于钻头的刚性和精度较差，因此钻孔加工的精度不高，尺寸精度为 IT11～IT10，表面粗糙度不小于 $Ra12.5\mu m$。

二、钻孔的应用

（1）零件的互相连接中，为了穿入紧固零件或销钉，需要钻孔（见图7-2）。

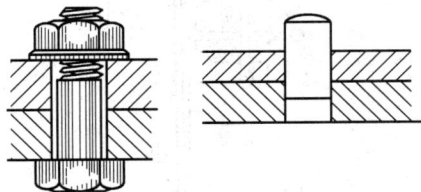

图 7-1　钻孔

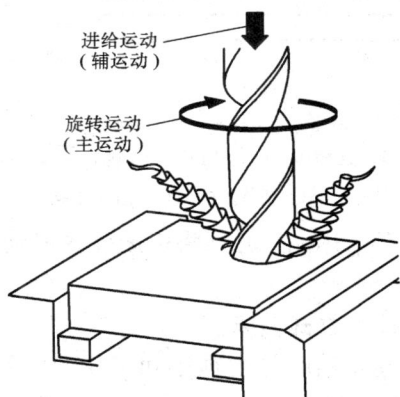

图 7-2　紧固件上的孔

（2）攻螺纹前需要钻出螺纹底孔。

（3）在轴类零件上錾削或铣键槽前需要钻孔。

（4）在机器设备的制造、装配和检修工作中，经常会遇到钻孔加工。

可以说，任何机器设备没有孔都是不可能制造出来的。

第二节　钻 孔 设 备

钳工常用的钻床有台式钻床、立式钻床、摇臂钻床等。

一、台式钻床

台式钻床是一种安放在工作台上、主轴垂直于工作台的小型钻床，简称台钻，一般用来加工小型工件上直径不大于 16mm 的孔。台钻主轴转速较高，常用皮带传动，由五级带轮变换转速。台式钻床主轴的进给只有手动进给，而且一般都具有表示或控制钻孔深度的装置，如刻度盘、刻度尺、定位装置等。钻孔后，主轴能在弹簧的作用下自动上升复位。

Z4012 型台式钻床是钳工常用的一种台钻（见图 7-3）。电动机通过五级皮带轮可使主轴获得五种不同的转速。机头套在立柱上，摇动摇把做上下移动，并可绕立柱中心转动，调整到适当位置后用手柄锁紧。

台钻的转速较高，一般不宜在台钻上进行锪孔、铰孔、攻螺纹等加工。

台式钻床的使用及维护保养注意事项有以下几点。

（1）在使用过程中，工作台面必须保持清洁。

（2）钻通孔时必须使钻头能通过工作台面上的让刀孔，或在工件下面垫上垫铁，以免钻坏工作台面。

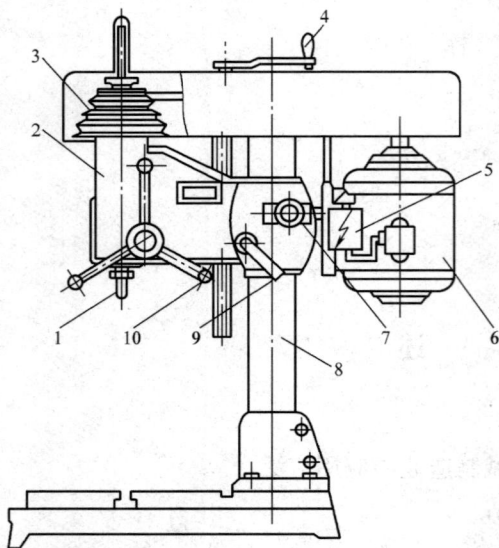

图 7-3　台式钻床
1—主轴；2—机头；3—皮带轮；4—摇把；
5—接线盒；6—电动机；7—螺钉；8—立柱；
9—锁紧手柄；10—进给手柄

（3）用完后必须将机床外露滑动面及工作台面擦净，并对各滑动面及各注油孔加注润滑油。

二、立式钻床

立式钻床是主轴箱和工作台安置在立柱上、主轴垂直布置的钻床，简称立钻（见图 7-4）。立钻的刚性好、强度高、功率较大，其最大钻孔直径有 25、35、40、50mm 等。该类钻床可进行钻孔、扩孔、锪孔、铰孔、攻螺纹等。

立钻由主轴变速箱、电动机、进给变速箱、立柱、工作台、底座等组成。电动机通过主轴变速箱驱动主轴旋转，变更变速手柄的位置可使主轴获得多种转速。通过进给变速箱，可使主轴获得多种机动进给速度，转动进给手柄可以实现手动进给。工作台装在床身导轨的下方，可沿床身导轨上下移动，以适应不同高度工件的加工。

立式钻床的使用及维护保养注意事项有以下几点。

（1）使用前必须空转试车，机床各部分运转正

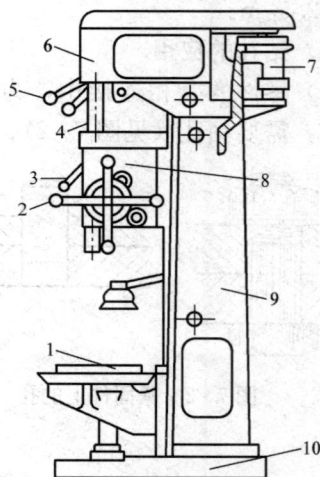

图 7-4　立式钻床
1—工作台；2—主轴；3—进给箱；4—主轴变速箱；5—电动机；6—立柱；7—进给手柄；8—进给变速箱；9—立柱；10—底座

常后方可进行操作。

（2）使用时，如果不使用自动进给，必须脱开自动进给手柄。

（3）调整主轴转速或自动进给时，必须在停车后进行。

（4）要经常检查润滑系统的供油情况。

（5）使用完毕后必须清扫整洁，上油并切断电源。

三、摇臂钻床

摇臂钻床（见图7-5）适用于单件、小批量和中等批量生产中的中等或较大工件及多孔工件的孔加工。摇臂钻床靠移动主轴来对准工件上孔的中心，使用时比立式钻床方便。其最大钻孔直径有63、80、100mm等。

摇臂钻床的主轴变速箱能在摇臂上做较大范围的移动，而摇臂又能绕立柱回转360°，并可沿立柱上下移动。所以，摇臂钻床能在很大的范围内工作。工作时，工件可压紧在工作台上，也可以直接放在底座上加工。

使用摇臂钻床时要注意：主轴箱或摇臂移位时，必须先松开锁紧装置，移动至所需位置夹紧后方可使用；操作时可用手拉动摇臂回转；摇臂钻床工作结束后，必须将主轴变速箱移至摇臂的最内端，以保证摇臂的精度。

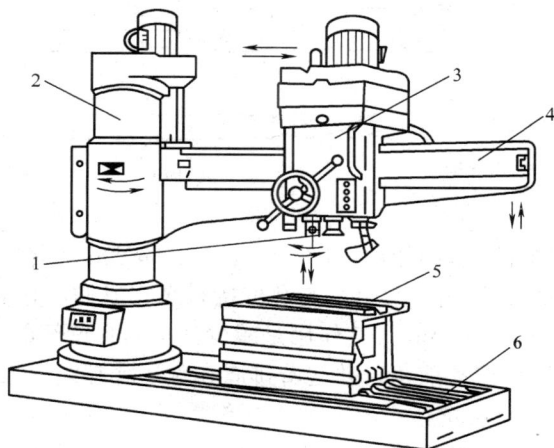

图7-5 摇臂钻床
1—主轴；2—立柱；3—主轴变速箱；
4—摇臂；5—方工作台；6—底座

为保证安全文明生产，使用钻床时必须严格遵守钻床安全操作规程。

（1）严禁戴手套操作，女同学必须戴好工作帽。

（2）钻床工作台上，禁止堆放物件。

（3）钻削时，必须用夹具夹持工件，禁止用手拿；钻通孔应在其下部垫上垫块。

（4）清扫切屑应该用毛刷，禁止用手或棉纱之类物品清扫，也不能用嘴吹。

（5）应对钻床定期添加润滑油。

（6）使用钻夹头装卸麻花钻时，需用钻钥匙，不能用手锤等工具敲打。

（7）变换转速、装夹工件、装卸钻头时，必须停车。

（8）发现工件不稳、钻头松动、进刀有阻力时，必须停车检查，消除缺陷后方可继续。

（9）操作者离开钻床时，必须停车。使用完毕后，及时切断电源。

第三节 钻 头

钻头的种类很多，有麻花钻、扁钻、深孔钻、中心钻等。钳工常用的是麻花钻头。

一、麻花钻头

麻花钻头一般是用高速钢材料制成，并经热处理淬硬。

1. 麻花钻头的构造

麻花钻由柄部、颈部和工作部分组成，其构造如图 7-6 所示。

柄部的作用是使钻头和钻床主轴相连接，以传递转矩。直径小于 13mm 的钻头柄部多是圆柱形，用钻夹头安装并夹紧在钻床主轴上。直径大于 13mm 的钻头柄部多为莫氏锥柄，直接插入钻床主轴锥孔内。

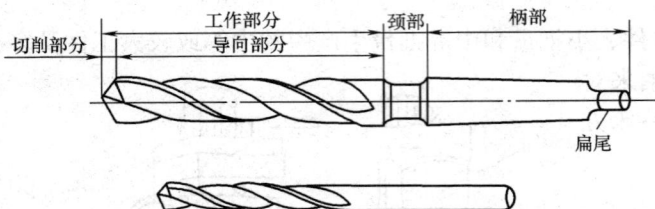

图 7-6 麻花钻

颈部是磨制钻头时供砂轮退刀用的，钻头的规格、材料和商标一般也刻印在颈部。

工作部分又分切削部分和导向部分。

切削部分主要起切削作用，它包括两条主切削刃和横刃。导向部分在钻孔时起引导钻头方向和修光孔壁的作用，同时也是切削部分的备磨部分。导向作用是靠两条沿螺旋槽高出 0.5～1mm 的棱边（刃带）与孔壁接触来完成的，它的直径略有倒锥，倒锥量在 100mm 长度内为 0.03～0.12mm，其作用是减少钻头与孔壁间的摩擦。导向部分上的两条螺旋槽，用来形成主切削刃和前角，并起着排屑和输送冷却润滑液的作用。

2. 麻花钻头的主要几何角度

麻花钻头的主要几何角度如图 7-7 所示。

（1）顶角（2ϕ）：钻头两主切削刃在其平行的轴向平面上投影所夹的角。顶角大，钻尖强度好，但钻削时轴向阻力大。钻削钢件和铸铁件时，一般取 $2\phi=116°～120°$。

（2）前角（γ_o）：主切削刃上任意一点的前角是通过该点所作的主剖面中前刀面与该点基面间的夹角。前角大小影响切屑的变形和主切削刃的强度，决定着切削的难易程度。主切削刃上各点的前角是不相等的，外缘处最大，约为 30°，越接近中心越小，到靠近横刃处约为 -30°，横刃上的前角为 -60°～-54°。

（3）后角（α_o）：主切削刃上任意一点的后角是通过该点所作的与钻头轴线同轴的柱截面内、后刀面与切削平面间的夹角。后角影响后刀面与切削平面的摩擦和主切削刃的强度。主切削刃上各点的后角大小也不等，外缘处最小约为 8°～14°，越接近中心越大，钻心处约为 20°～26°。

（4）横刃斜角（ψ）：横刃与主切削刃在钻头端面内的投影之间的夹角。标准麻花钻头的横刃斜角为 50°～55°。刃磨后角时，若靠近钻心处的后角磨得越大，则横刃斜角就越小。所以刃磨时，横刃斜角的大小可用来判断靠近钻心处

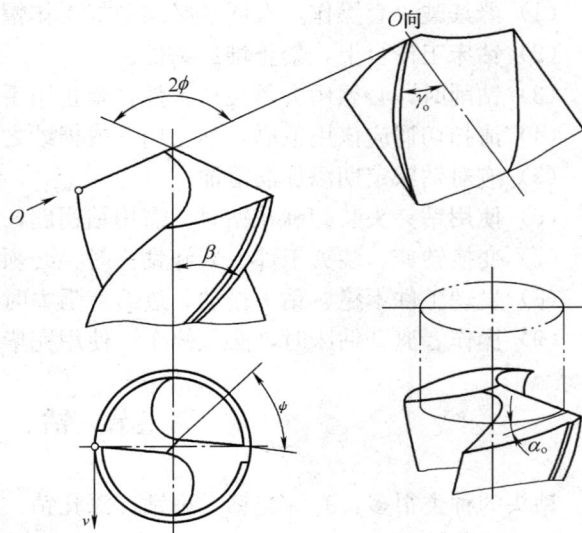

图 7-7 麻花钻头的主要几何角度

的后角刃磨是否正确。

3. 麻花钻头的刃磨

在砂轮上修磨钻头的切削部分,以得到所需几何形状及角度称为钻头的刃磨。手工刃磨钻头在砂轮机上进行,选择粒度为$46^\#\sim80^\#$、硬度为中软级的氧化铝砂轮。

麻花钻的刃磨步骤如下:

(1) 将主切削刃置于水平状态并与砂轮外圆面平行。

(2) 保持钻头中心线和砂轮外圆面成 ϕ 角,如图7-8(a)所示。

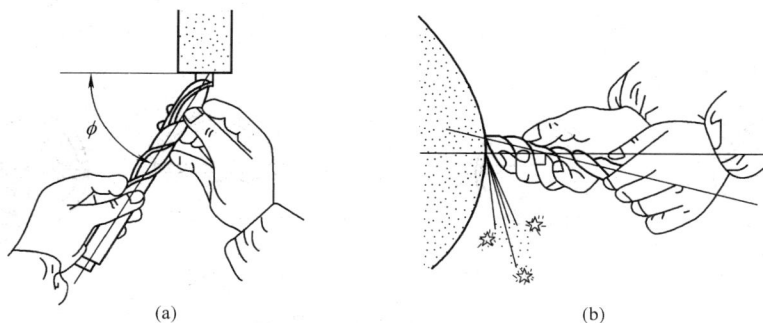

图 7-8 麻花钻的刃磨

(3) 右手握住钻头导向部分前端,作为定位支点,刃磨时使钻头绕其轴心线转动,左手握住钻头的柄部,做上下扇形摆动,磨出后角,同时掌握好作用在砂轮上的压力,如图7-8(b)所示。

(4) 左右两手的动作要协调一致,相互配合。一面磨好后,翻转180°,刃磨另一面。

在刃磨过程中,主切削刃的顶角、后角和横刃斜角同时磨出。为防止切削部分过热退火,应注意蘸水冷却。刃磨后的钻头,常用目测法进行检查,也可用样板检验。目测时,将钻头竖起,切削部分向上,两眼平视两主切削刃外缘处的最低点位置,转动180°后再观察,反复几次。如果两主切削刃长度相等,两个最低点位置一样,顶角符合要求,说明刃磨的钻头正确。

4. 麻花钻头的修磨方法

为了适应不同的钻削状态、达到不同的钻削目的,在砂轮上对麻花钻头原有的切削刃、边、面进行修改磨削,以得到所需的几何形状,称为麻花钻头的修磨。

麻花钻头的修磨方法有以下几种。

(1) 修磨横刃。为提高定心作用,减小钻削时的轴向阻力和挤刮现象,将横刃磨短至原长度的$1/5\sim1/3$,如图7-9(a)所示。

(2) 修磨主切削刃。为增加刀尖强度,改善刀尖处散热条件,强化刀尖角,从而提高钻孔的表面质量和钻头的耐用度,要修磨出双重顶角($2\phi_0=70°\sim75°$),如图7-9(b)所示。

(3) 修磨前刀面。将主切削刃外缘处前刀面磨去一小块,使其前角减小,如图7-9(c)所示。钻削硬材料时可提高刀尖的强度;钻削黄铜等软材料时还可避免由于切削刃过于锋利而引起的扎刀现象。

(4) 修磨棱边。加工精孔或韧性材料时,为减小棱边与孔壁的摩擦,提高钻头的寿命,可在棱边的前端修磨出副后角($\alpha_1=6°\sim8°$),保留棱边的宽度为原来的$1/3\sim1/2$,如图7-9(d)所示。

（5）修磨分屑槽。如图 7 - 9（d）所示，在钻头的两个主后刀面上磨出几条相互错开的分屑槽，可改变钻头主切削刃长、切屑较宽的不足，使切屑变窄，排屑顺利，尤其适用于钻削钢料。直径大于 15mm 的钻头宜修磨分屑槽。

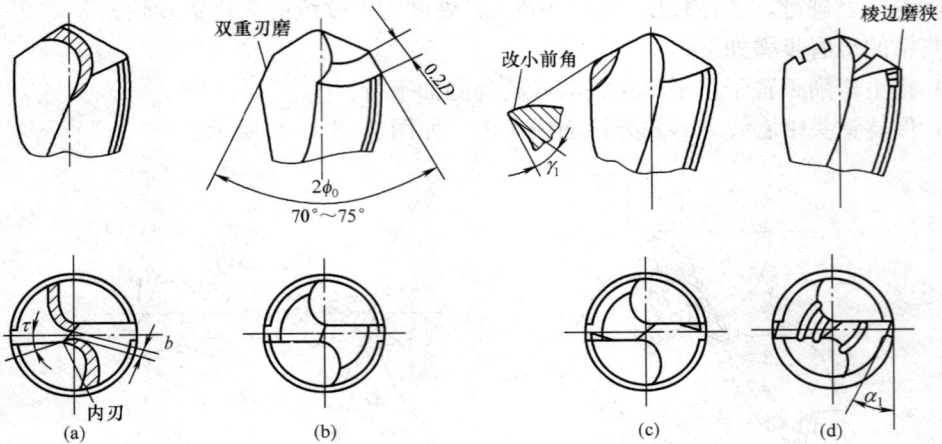

图 7 - 9　麻花钻头的修磨
（a）修磨横刃；（b）修磨主切削刃；（c）修磨前刀面；（d）修磨棱边和分屑槽

二、中心钻头

中心钻头（见图 7 - 10）主要用于钻中心孔和顶尖孔。

图 7 - 10　中心钻头

三、群钻（倪志福钻头）

群钻是将标准麻花钻的切削部分修磨成特殊形状的钻头。群钻是中国人倪志福于 1953 年创造的，原名倪志福钻头，后经本人倡议改名为"群钻"，寓群众参与改进和完善之意。标准麻花钻的切削部分由两条主切削刃和一条横刃构成，最主要的缺点是横刃和钻心处的负前角大，切削条件不利。群钻将标准麻花钻的切削部分磨出两条对称的月牙槽，形成圆弧刃，并在横刃和钻心处经修磨形成两条内直刃。这样，加上横刃和原来的两条外直刃，就将标准麻花钻的"一尖三刃"磨成了"三尖七刃"（见图 7 - 11）。修磨后钻尖高度降低，横刃长度缩短，圆弧刃、内直刃和横刃处的前角均比标准麻花钻相应处大。因此，用群钻钻削钢件时，轴向力和扭矩分别比标准麻花钻降低 30%～50% 和 10%～30%，切削时产生的热量显著减少。标准麻花钻钻削钢件时形成较宽的螺旋形带状切屑，不利于排屑和冷却。群钻由于有月牙槽，有利于断屑、排屑和切削液进入切削区，进一步减小了切削力和降低切削热。由于以上原因，刀具寿命可比标准麻花钻提高 2～3 倍，或生产率提高两倍以上。群钻的 3 个尖顶，可改善钻削时的定心性，提高钻孔精度。为了钻削铸铁、紫铜、黄铜、不锈钢、铝合金、钛合金等各种不同性质的材料，群钻又有多种变型，但"月牙槽"和"窄横

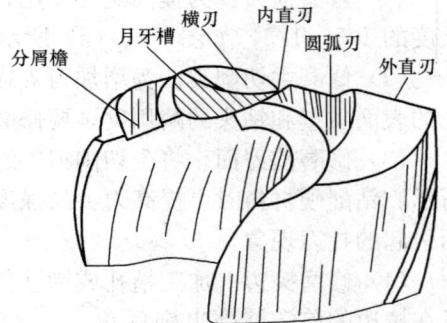

图 7 - 11　群钻

刃"仍是各种群钻的基本特点。

普通麻花钻受其固有结构的限制，几何形状存在着某些缺陷。通过对其切削部分的修磨，可以得到一定改善。"群钻"就是一种行之有效的修磨形式。如果采用比普通高速钢性能更好的新型刀具材料或变革麻花钻的结构，在此基础上再将钻头切削部分修磨成"群钻"钻型，则钻孔效果将进一步提高。近年来，新刀具材料的研制技术和刀具的制造技术有了很大的发展，故使变革麻花钻的材料和结构成为可能。此外，随着被钻孔材料和钻孔条件日益多样化，"群钻"的钻型也有了很多发展，形成了一个系列。

第四节 钻 孔 切 削 用 量

一、切削用量的概念

切削用量是指钻削过程中的切削速度、进给量和切削深度的总称。合理选择钻削用量，可提高钻孔精度和生产效率，并能防止机床过载或损坏。

二、切削用量的计算

（1）切削速度 v：钻削时钻头切削刃上最大直径处的线速度。由下式计算：

$$v = \frac{\pi dn}{1000}$$

式中　d —— 钻头直径，mm；

　　　n —— 钻头的转速，r/mim；

　　　v —— 切削速度，m/min。

（2）进给量 f：钻头每转一转沿进给方向移动的距离，单位为 mm/r。

（3）转速 n：钻头的旋转速度，单位为 r/mim。

三、切削用量的选择

选择切削用量的目的是在保证加工精度、表面粗糙度及钻头耐用度的前提下，尽量选用较大的切削用量，使生产效率提高。

吃刀深度由钻头直径大小决定。一般 30mm 以下的孔可一次钻出，大于 30mm 的孔，为了减小吃刀深度可分两次钻出。所以，选择钻孔切削用量时，一般只考虑切削速度和进给量。

切削速度是影响钻头耐用度的主要因素，进给量是影响钻孔表面粗糙度的主要因素。钻孔时选择切削用量应根据工件材料的硬度、强度、孔的表面粗糙度、孔径的大小等因素综合考虑。

通常，手进刀钻孔时，其转速和进刀量可根据表 7-1 来选择。

表 7-1　　　　　　　　　　手进刀钻孔的转速和进刀量

孔径	转速	进刀量	材料	转速	进刀量
大孔	慢	大	硬材料	慢	小
小孔	快	小	软材料	快	大

在保证钻孔精度和钻头强度的前提下，尽量选择较快的转速和较大的进刀量，以提高生

产效率。

一般钢料的钻削用量见表7-2。钻削与一般钢料不同的材料时，其切削用量也可根据表中所列的数据加以修正。

表7-2　　　　　　　　　　　　　一般钢料的钻削用量

钻孔直径	切削速度	进给量	钻孔直径	切削速度	进给量
1～2	10 000～2000	0.005～0.02	10～20	750～350	0.30～0.50
2～3	2000～1500	0.02～0.05	20～30	350～250	0.60～0.75
3～5	1500～1000	0.05～0.15	30～40	250～200	0.75～0.85
5～10	1000～750	0.15～0.3	40～50	200～120	0.85～1

在碳素工具钢、铸钢上钻孔时，切削用量减少1/5左右；在合金工具钢、合金铸钢上钻孔时，切削用量减少1/3左右；在铸铁上钻孔时，进给量增加1/5而转速减少1/5左右；在有色金属上钻孔时，转速应增加近1倍，进给量应增加1/5。另外，在钻不锈钢时，会产生硬化层（一般在0.1mm以内），故在选择进给量时应大于0.1mm。

第五节　冷 却 润 滑 液

冷却润滑液包括以冷却为主的和以润滑为主的两类。

（1）以冷却为主：水溶液（乳化液、煤油等）。钻头在钻削过程中，由于切屑的变形及钻头与工件摩擦所产生的切削热，严重影响到钻头的切削能力和钻孔精度，甚至使钻头退火，钻削无法进行。为了延长钻头的使用寿命、提高钻孔精度和生产效率，应加冷却液。

（2）以润滑为主：油溶液（蓖麻油、机油等）。多用于螺纹加工和精度要求较高的孔加工。

钻削时可根据工件的不同材料和不同的加工要求合理选用切削液（见表7-3）。

表7-3　　　　　　　　　　　　　钻孔时切削液的选择

工件材料	切削液	工件材料	切削液
各类结构钢	3%～5%乳化液，7%硫化乳化液	铸铁	不用或5%～8%乳化液，煤油
不锈耐热钢	3%肥皂加2%亚麻油水溶液，硫化切削油	铝合金	不用或5%～8%乳化液，煤油，煤油与柴油的混合油
铜	不用或5%～8%乳化液	有机玻璃	5%～8%乳化液，煤油

第六节　钻 孔 方 法

钻孔方法有划线钻孔、夹具钻孔和配钻钻孔三种。钳工钻孔方法与生产规模有关，单件、小批生产时，要借助划线来保证其钻孔位置的正确。下面主要介绍划线钻孔方法。

一、工件划线

钻孔前，必须根据图纸要求，按孔的位置、尺寸要求，在工件上划出正确的孔中心位置，打上样冲眼，并且按孔的大小划出孔的圆线。对直径较大的孔，应以样冲眼为圆心划一组同心圆（直径≤钻孔直径），也可直接划出与孔中心线对称的几个大小不等的方框，作为钻孔时的检查线，然后将中心样冲眼敲大，以便试钻时准确落钻找正。

二、工件装夹

钻孔前一般都须将工件夹紧固定，以防钻孔时工件移动折断钻头或使钻孔位置偏移。

工件的夹持方法，根据工件的大小、形状和加工要求而定，主要有以下五种：

（1）用手握持。一般钻削直径小于 8mm，且工件能用手握持稳固时，可直接用手攥住工件钻孔。工件较长时，应在钻床台面上用螺钉靠紧，以防工件顺时针转动飞出（见图 7-12）。

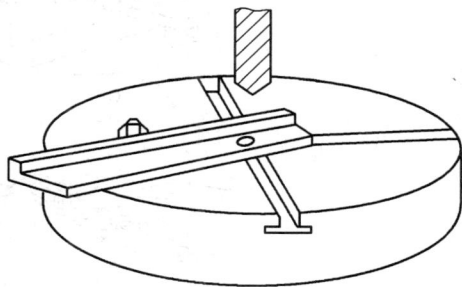

（2）用虎钳、卡盘装夹。对于不易用手拿稳的小工件或钻孔直径较大时，必须用平口虎钳或手虎钳装夹，如图 7-13（a）、（e）所示。平口虎钳适宜装夹外形平整的工件，直径更大时还要用螺栓将平口虎钳固定在钻床台面上。圆盘类零件宜用卡盘装夹，如图 7-13（f）所示。

图 7-12 长工件用螺钉靠住

（3）用 V 形块及压板装夹。在轴套工件上钻径向孔时，一般把工件放在 V 形块上并配以压板压紧，以免工件钻孔时转动，如图 7-13（b）所示。

（4）用压板、角铁夹持工件。钻削大孔或不适合用虎钳装夹的工件时，可用螺栓通过压板、角铁把工件固定在钻床台面上，如图 7-13（c）、（d）所示。

使用压板时应注意以下几点：

1）螺栓应尽量靠近工件，以加大压紧力；

2）垫铁应稍高于工件的压紧表面；

3）对已精加工过的表面压紧时应垫以铜皮等物，以免压出印痕。

（5）短圆柱工件端面钻孔时，可用三爪卡盘装夹工件。

三、钻头的装夹

钻头的装夹是借助专用夹具完成的。

直柄钻头（直径13mm 以下）用钻夹头来装夹。钻夹头装在钻床主轴下端，当转动带有小锥齿轮的钥匙时，直柄钻头被夹紧或松开，如图 7-14（a）所示。

锥柄钻头（直径13mm 以上）通常直接装夹在钻床主轴的锥孔内，当较小的钻头要装到大的锥孔内时，就要用钻套作为过渡连接，如图 7-14（b）所示。钻套的内外表面都是莫氏锥度。钻套按内径的大小分为 1～5 号，1 号直径最小。1 号钻套的内锥孔为 1 号莫氏锥度，外圆锥为 2 号莫氏锥度。

安装时，锥体的内外表面应擦干净，各锥面套实、镦紧。拆卸时，将楔铁的一面向上插入主轴或过渡钻套的长槽孔中，另一面压在钻头的扁尾上加力，使钻头与钻床主轴脱开。手要握住钻头或在工作台面上垫木板，以防钻头掉落后损伤钻头或工作台面。

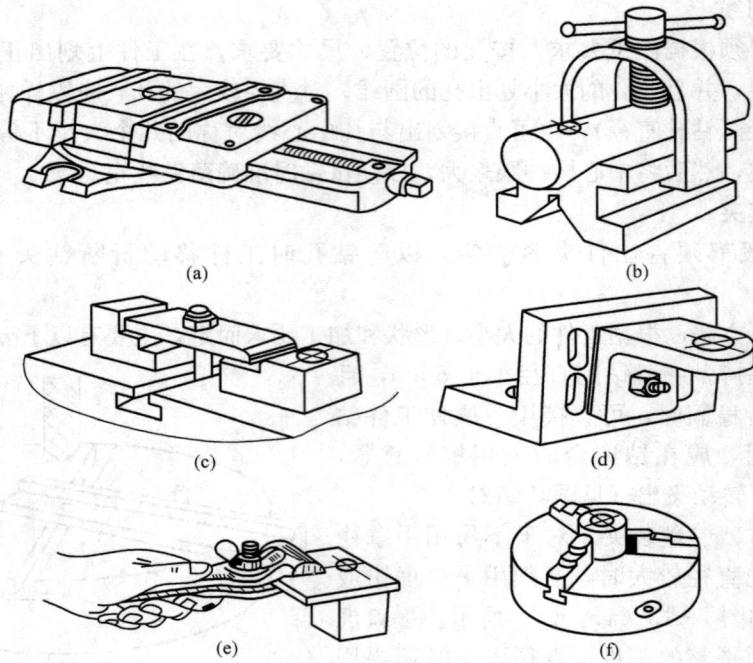

图 7 - 13　工件装夹方法

(a) 平口钳装夹；(b) V形块装夹；(c) 压板装夹；(d) 角铁装夹；(e) 手虎钳装夹；(f) 三爪卡盘装夹

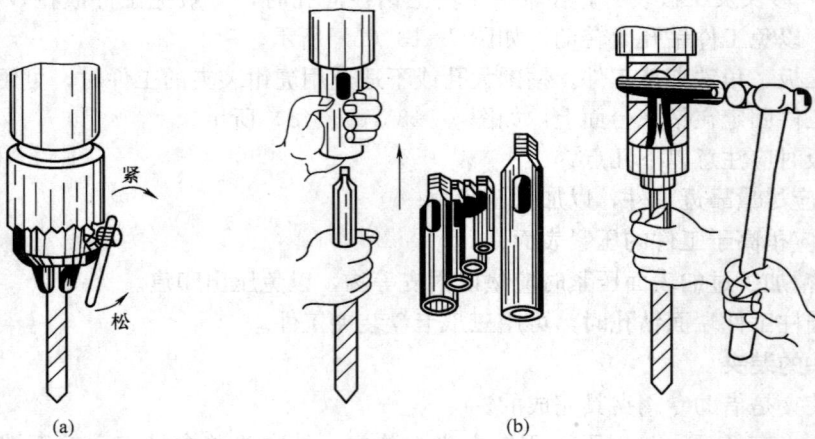

图 7 - 14　钻头的装拆

(a) 直柄钻头的装拆；(b) 锥柄钻头的装拆

四、起钻

钻孔开始时，先找正钻头与工件的位置，使钻尖对准钻孔中心，然后试钻一浅坑。如果钻出的浅坑与所划的钻孔圆周线不同心，可移动工件或钻床主轴予以借正。若钻头较大或浅坑偏得较多，可用样冲或油槽錾在需多钻去一些的部位錾几条沟槽，以减少此处的切削阻力，使钻头偏移过来，达到借正的目的。试钻的位置正确后才可正式钻孔，如图 7 - 15 所示。

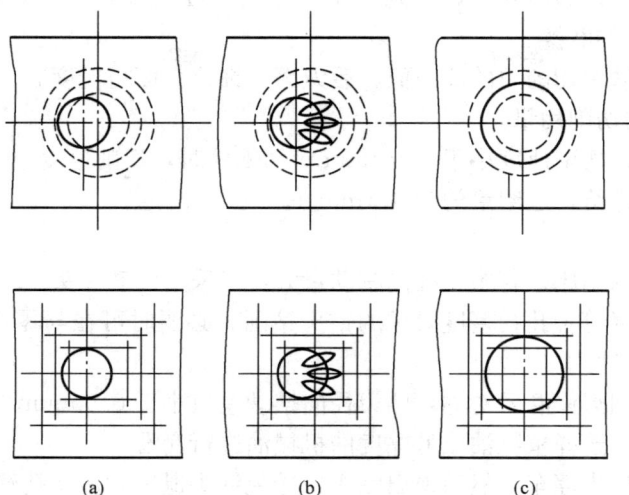

图 7-15 用錾子錾沟槽
(a) 偏位；(b) 錾槽；(c) 校正

五、钻孔及注意事项

(1) 在孔将要钻穿前，必须减小进给量。如采用自动进给的，此时改为手动进给，以减少孔口毛刺，并防止钻头折断、钻孔质量降低等现象。

(2) 钻不通孔时，可按孔深度调整钻床上的挡块，并通过测量实际尺寸来控制钻孔深度。

(3) 钻深孔时，一般钻进深度达到直径的 3 倍时，钻头要退出排屑，以后每钻进一定深度，钻头即退出排屑一次，以免切屑阻塞而扭断钻头。

(4) 钻直径超过 30mm 的孔可分两次钻削，先用 0.5～0.7 倍孔径的钻头钻孔，然后再用所需孔径的钻头扩孔。这样可以减小转矩和轴向阻力，既保护了钻床，又提高了钻孔质量。

六、特殊孔的钻削

钻削精孔、小孔、深孔、半圆孔等类型的特殊孔时，为保证加工质量，应分别采用不同的钻削工艺。

1. 精孔钻削

精孔钻削是一种孔的精加工方法，钻削出孔的尺寸精度达 IT8～IT7 级，表面粗糙度达 $Ra1.6～0.8\mu m$。通常采用分两次钻削的方法：先钻出底孔，留有 0.5～1mm 的加工余量，再用精孔钻进行二次钻削。这样，第二次钻削时切削用量小，产生的热量少，工件不易变形。同时，钻头磨损小，所产生的振动也小，提高了孔的加工精度。精孔钻削时应注意以下几个方面。

(1) 改进钻头切削部分几何参数。

1) 修磨出 $2\phi_1 \leqslant 75°$ 的第二顶角。新磨出切削刃长度为钻头直径的 0.15～0.4 倍，钻头直径小的取大值，反之取小值，刀尖角处须用油石磨出 $R0.2～R0.5$ 的小圆角。

2) 后角一般磨成 $\alpha_° = 6°～10°$，可避免产生振动。

3）在副切削刃上，磨出 6°～8°的副后角，并保留棱边宽 0.10～0.20mm，用油石磨光刃带，以减小与孔壁的摩擦。

4）用细油石研磨主切削刃的前刀面、后刀面，细化表面粗糙度。

（2）选用合适的切削用量。

1）钻削铸铁时，切削速度小于 15m/mim；钻钢件时，切削速度小于 10m/min。

2）应采用机动进给，进给量约为 0.1mm/r。

（3）其他要求。

1）选用精度高的钻床，若主轴径向跳动量大，可采用浮动夹头。

2）选用尺寸精度符合孔径精度要求的钻头钻削。必要时可在与零件材质相同的材料上试钻，以确定其是否适用。

3）钻头两主切削刃修磨要对称，两刃径向摆动差应小于 0.05mm。

4）扩孔过程中要选择植物油或低黏度的机械油进行润滑。

5）钻完孔后，应先停车，然后退出钻头，避免钻头退出时擦伤孔壁。

2. 小孔钻削

钻削直径在 3mm 以下的孔，称小孔钻削。钻削小孔时，存在几个问题：一是钻头的直径小，其强度较差，定心性能差，容易滑偏；二是钻头的螺旋槽较窄，排屑不易；三是钻孔时选用的转速较高，所产生的切削热较大，又不易散发，加剧了钻头的磨损。因此，小孔钻削时应注意以下几个方面。

（1）开始钻孔时，进给力要小，以防止钻头弯曲和滑移，保证钻孔的位置。

（2）进给时要注意手部用力的感觉，当钻头弹跳时，使它有一个缓冲的范围，以防钻头折断。

（3）切削过程中，要及时提起钻头排屑，并借此机会加入切削液。

（4）选用高精度钻床，合理选择切削速度，通常钻削 1～3mm 孔时，转速为 1500～5000r/min。在高精度钻床上，钻削直径小于 1mm 孔时，转速可达 10 000r/min。

3. 深孔钻削

通常把深度和直径比大于 5 的孔称为深孔。钻削深孔的方法有以下两种。

（1）用加长麻花钻钻削深孔。深孔钻削时，用一般的麻花钻长度不够，需用接长的钻头采用分级进给的方法来加工。即在钻削过程中，钻头加工一定时间或一定深度后退出工件，以排除切屑，冷却刀具，然后重复进刀和退刀，直至加工完毕。深孔钻削时要注意以下四点。

1）要选用刚性和导向性好的钻头。用标准麻花钻接长时，接长杆必须调质处理，以增强刚性和导向性。

2）机床主轴、刀具导向套、导杆支撑套等要求同轴度好。钻削精度要求较高、长径比大的孔，其同轴度不大于 0.02mm。

3）钻头前刀面或后刀面要磨出分屑槽与断屑槽，使切屑呈碎块状，易于排屑。

4）要频繁地退刀排屑，要保证切削液输送畅通。

（2）用两边钻孔的方法钻削深孔。钻通孔而没有加长钻头时，可采用两边钻孔方法，先在工件的一边钻至孔深的一半，再将一块平行垫铁装压在钻床工作台上，并在上面钻一个一定直径的定位孔。把定位销的一端压入孔内，定位销另一端与工件已钻孔为间隙配合，然后以定位销定位将工件放在垫板上进行钻孔，这样可以保证两面孔的同轴度。当孔快钻通时，进给量要小，以免因两孔不同轴而将钻头折断。

4. 半圆孔钻削

在板料上钻削半圆孔时，通常可把与工件材料相同的板料和工件一起装夹，钻后再将板料去除。这样可避免钻头偏斜而造成不垂直，孔径不圆或将钻头折断。

5. 薄板上钻孔

在薄板上钻孔，当钻尖钻穿工件时，钻削的轴向阻力会突然减小，而使钻头迅速下滑，出现扎刀现象。为此，应将钻头磨成三尖钻，如图 7 - 16 所示。工作时，钻心先切入工件定心，两个锋利的外尖转动切削，把中间的圆片切离避免了扎刀现象，可得到较高质量的孔。

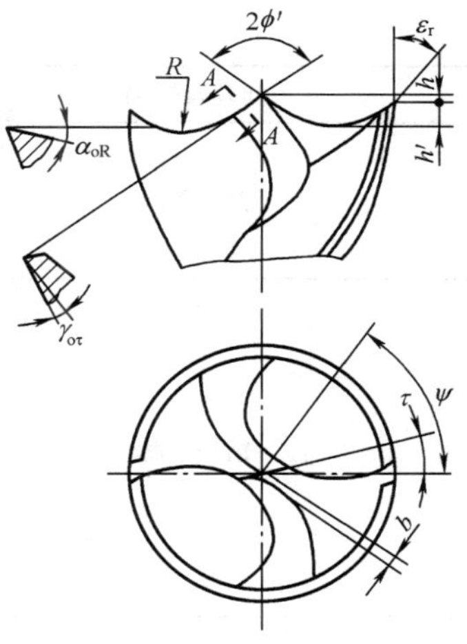

图 7 - 16 薄板钻

第七节 钻孔安全技术和废品分析

1. 钻孔时要严格执行钻床安全操作规程

(1) 钻孔时不可戴手套，袖口必须扎紧，女生必须戴工作帽。

(2) 开动钻床前，应检查是否有钻夹头的钥匙插在钻夹头上。

(3) 孔将钻穿时，要尽量减小进给力。

(4) 钻孔时切屑必须用毛刷清除。

(5) 操作者的头部不准与旋转着的主轴靠得太近。

(6) 停车时应让主轴自然停止，不可用手刹住，也不能用反转制动。

(7) 严禁在开车状态下装拆工件。

(8) 检验工件和变换主轴转速，必须在停车状况下进行。

2. 钻孔废品分析

钻孔时由于钻头刃磨不好，切削用量选择不当，工件夹持不合理，钻头夹持不当等原因，会产生废品或钻头损坏的个别现象。常见的问题见表 7 - 4。

表 7 - 4　　　　　　钻 孔 废 品 分 析

问题及缺陷	产 生 原 因
孔径扩大	1. 钻头两切削刃长度不等，锋角不对称； 2. 钻头摆动
孔壁粗糙	1. 钻头不锋利； 2. 进给量太大； 3. 后角太大； 4. 冷却润滑液不充分
钻孔偏移	1. 划线或样冲眼中心不准； 2. 工件装夹不稳固； 3. 钻头横刃太长； 4. 钻孔开始阶段未找正

问题及缺陷	产 生 原 因
钻孔歪斜	1. 钻头与工件表面不垂直； 2. 进给量太大，钻头弯曲； 3. 横刃太长定心不良
钻头折断	1. 用钝钻头钻孔； 2. 进给量太大； 3. 切屑在螺旋槽中堵塞； 4. 孔刚钻穿时，进给量突然增大； 5. 工件松动； 6. 钻薄板或铜料时钻头未修磨； 7. 钻孔已歪而继续钻削
钻头磨损过快	1. 切削速度太高，而冷却润滑又不充分； 2. 钻头刃磨不适应工件材料

思 考 题

7-1 试述麻花钻头各组成部分的名称和作用。

7-2 什么是麻花钻头的前角、后角、顶角？对切削有何影响？如何正确刃磨标准麻花钻头？

7-3 标准麻花钻头有什么缺点？造成的原因是什么？

7-4 试述划线钻孔的操作要点。

7-5 什么是切削用量？选择原则是什么？

7-6 钻孔时，加切削液的作用是什么？应如何正确选择？

7-7 钻孔时，产生废品的形式有哪些？原因分别是什么？

技 能 训 练

一、手锤腰形孔部位钻孔

1. 工件分析

手锤外形基本已完成，需在腰形孔中间钻两个 $\phi9.8$ 的孔，以便锉成腰形孔。钻削时速度取 $n=750\sim1000$r/min，手动进给。

2. 操作步骤

(1) 将工件按图划出钻孔位置线，打上冲眼。

(2) 将工件下面垫上等高铁，在平口钳上夹紧。

(3) 用 $\phi9.8$ 的钻头钻两个 $\phi9.8$ 的孔。

3. 注意事项

(1) 钻削时应加冷却液。冷却液应加到孔里，不要加在钻头上，以免发生意外。

(2) 钻孔时应断续进给，以便断屑，要经常退钻排屑。

二、选择一合适直径的麻花钻头，进行钻头刃磨，使钻头的切削部分达到规定的要求

扩孔、锪孔和铰孔

第一节 概　　述

1. 扩孔

扩孔是在钻孔的基础上进行的，其切削运动与钻孔相同。扩孔的加工余量一般为 0.5～4mm，小孔取小值，大孔取大值。扩孔属于半精加工，尺寸公差等级为 IT10～IT9，表面粗糙度为 $Ra6.3～3.2\mu m$。

2. 锪孔

锪孔分锪柱形沉坑和锪锥形沉坑两种。沉坑是埋放螺钉头的。柱形沉坑可用柱形锪钻加工，也可用麻花钻的两个主切削刃磨成与轴线垂直的两个平刃的刀具加工，锥形沉坑可用 90°的锪钻加工。锪孔的表面粗糙度为 $Ra6.3～3.2\mu m$。

3. 铰孔

在扩孔或车孔的基础上进行，其切削运动也与钻孔相同。铰孔的加工余量一般为 0.05～0.25mm，小孔取小值，大孔取大值。铰孔一般选用低切速和较大进给量（为钻孔的 3 倍左右）。为提高铰孔质量，铰钢件可加机油或乳化液，铰铸铁件可加煤油。铰孔时铰刀不能反转，以免崩刃和损坏加工表面。铰孔属于精加工，尺寸公差等级为 IT8～IT7，表面粗糙度为 $Ra1.6～0.8\mu m$。

第二节 扩孔方法及应用

一、扩孔的概念

扩孔是在原有孔的基础上利用比孔大的钻头（要求不高时，可用普通钻头）进行二次或多次钻削，使孔进一步扩大，多用于大孔或毛坯孔的多次钻削。扩孔的孔径尺寸精度比钻孔的精度要高，较少影响位置精度。

二、扩孔钻

扩孔钻的结构与麻花钻相比有以下特点。

（1）刚性较好。由于扩孔的背吃刀量小，切屑少，扩孔钻的容屑槽浅而窄，钻芯直径较大，增加了扩孔钻工作部分的刚性。

（2）导向性好。扩孔钻有 3～4 个刀齿，刀具周边的棱边数增多，导向作用相对增强。

（3）切屑条件较好。扩孔钻无横刃参加切削，切削轻快，可采用较大的进给量，生产率较高；又因切屑少，排屑顺利，不易刮伤已加工表面。

扩孔时的进给量为钻孔的 1.5～2 倍，切削速度为钻孔的 1/2。

实际生产中，一般用麻花钻代替扩孔钻使用。扩孔钻多用于成批大量生产。

因此扩孔与钻孔相比，其加工精度高，表面粗糙度值较低，且可在一定程度上校正钻孔的轴线误差。此外，适用于扩孔的机床与钻孔相同。

第三节 锪孔方法及应用

一、锪孔的概念

1. 锪孔概念

用锪钻（或改制的麻花钻头）将孔口表面加工成一定形状的孔和平面，称为锪孔。

2. 锪孔的应用

在孔的顶部周围做成圆柱形凹坑以便安置螺钉头或垫圈，或者使连接零件能齐平安装。

3. 锪钻的种类和特点

锪钻分为柱形锪钻、锥形锪钻和端面锪钻三种（见图 8-1）。

(1) 柱形锪钻是用来锪圆柱形沉头孔的锪钻。按端部结构分为带导柱、不带导柱和带可换导柱三种。导柱与工件原有孔配合起定心导向作用。端面刀刃为主刀刃起主要切削作用，外圆上的刀刃为副刀刃起修光孔壁作用。

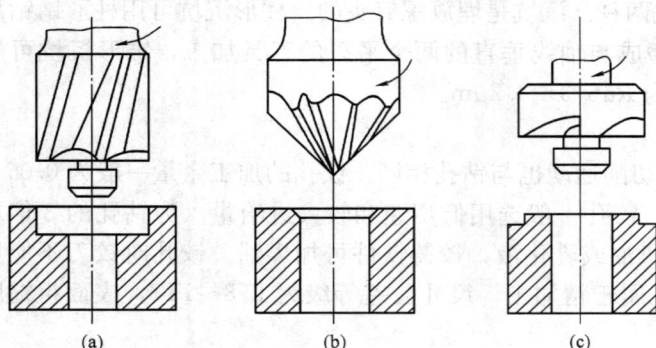

图 8-1 锪钻的种类
(a) 柱形锪钻；(b) 锥形锪钻；(c) 端面锪钻

(2) 锥形锪钻是用来锪锥形沉头孔的锪钻。按切削部分锥角分为 60°、75°、90°、120° 四种。刀齿齿数为 4～12 个，钻尖处每隔一齿将刀刃切去一块，以增大容屑空间。

(3) 端面锪钻是用来锪平孔端面的锪钻。有多齿形端面锪钻和片形端面锪钻。其端面刀齿为切削刃，前端导柱用来定心和导向以保证加工后的端面与孔中心线垂直。

二、用麻花钻改制锪钻

锪钻常用麻花钻改制。图 8-2 (a) 所示为改制的带导柱的柱形锪钻，导柱直径 d 与工件原有的孔采用基本偏差为 f8 的间隙配合。端面切削刃须在锯片砂轮上磨出，后角 $\alpha_o = 8°$，导柱部分两条螺旋槽锋口倒钝。图 8-2 (b) 所示为改制的不带导柱的平底锪钻，可用来锪平底盲孔。

麻花钻还可根据工件锥孔度数改制成锥形锪钻。为避免锪孔时产生振痕；后角和外缘处前角应磨得小些。

三、锪孔方法及注意事项

锪孔方法与钻孔方法基本相同，但锪孔时刀具容易振动，特别是使用麻花钻改制的锪钻，易在所锪端面或锥面产生振痕，影响锪削质量，因此锪孔时应注意以下几点。

(1) 由于锪孔的切削面积小，锪钻的切削刃多，所以进给量为钻孔的 2～3 倍，切削速度为钻孔的 1/2～1/3。精锪时，可采用钻床停车惯性来锪孔。

(2) 用麻花钻改制锪钻时，后角和外缘处前角适当减小，以防扎刀。两切削刃要对称，保持切削平稳。尽量选用较短钻头改制，减少振动。

(3) 锪钻的刀杆和刀片装夹要牢固，工件夹持稳定。

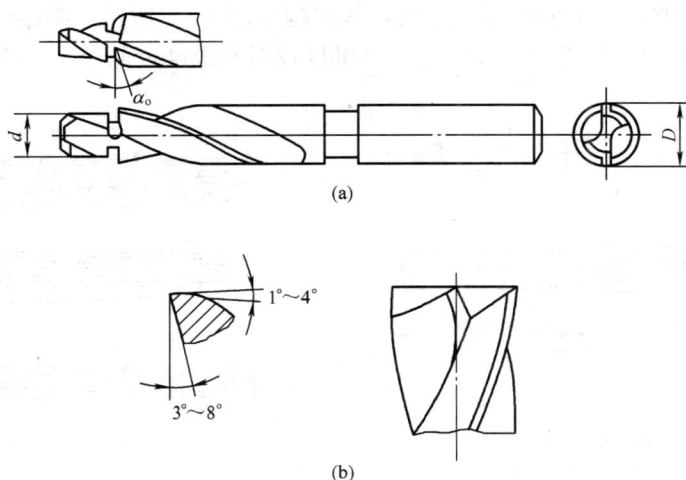

图 8-2　用钻头改制的锪钻
（a）柱形锪钻；（b）平底锪钻

（4）钢件锪孔时，可加机油润滑。

第四节　铰孔方法及应用

一、铰孔的概念

用铰刀从工件孔壁上切除微量金属层，以提高孔的尺寸精度和降低表面粗糙度的方法称为铰孔。

铰孔是要达到所需的尺寸，比钻孔精度要高很多，比扩孔精度也高。

铰孔的方法可分为手工铰削和机动铰削两种。

二、铰刀与铰杠

1. 铰刀

铰刀的种类很多。铰刀按刀体结构可分为整体式铰刀、焊接式铰刀、镶齿式铰刀和装配可调式铰刀；按外形可分为圆柱铰刀和圆锥铰刀；按加工手段可分为机用铰刀和手用铰刀。

（1）整体圆柱铰刀。整体圆柱铰刀主要用来铰削标准系列的孔。它由工作部分、颈部和柄部三个部分组成。其结构如图 8-3 所示。

1）工作部分：由切削部分和校准部分组成。

切削部分担负主要铰削工作。切削锥角 2ϕ，主要影响孔的加工精度、孔壁的表面粗糙度、切削时的轴向力的大小和铰刀的寿命，手铰刀的 $\phi = 30' \sim 1°36'$。切削部分前端有 45°锥角，便于铰刀进入铰削孔中，并保护切削刃。

校准部分用来引导铰孔方向和校准孔的尺寸，也是铰刀的备磨部分。

铰刀的刀刃一般有 6～16 个，可使铰削平稳，导向性好。为避免铰孔时出现周期性振纹，手铰刀一般采用不等距分布刀刃。

2）颈部：颈部是为磨制铰刀时供砂轮退刀用，也用来刻印商标和规格。

3）柄部。柄部用来装夹和传递转矩，有直柄、锥柄和直柄方榫三种。手铰刀用直柄方榫。

（2）锥铰刀。锥铰刀用来铰削圆锥孔，其结构如图 8-4 所示。圆锥铰刀按锥度又可分为 1：10 锥度铰刀、1：30 锥度铰刀、1：50 锥度铰刀和锥度近似于 1：20 的莫氏锥度铰刀。

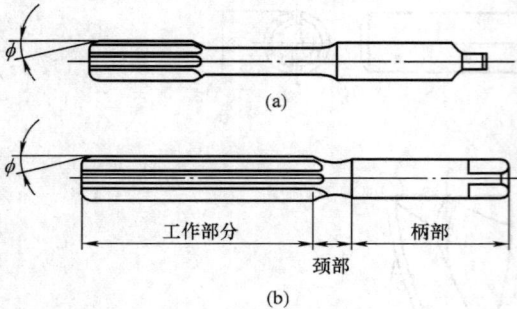

图 8-3　整体圆柱铰刀
（a）机用铰刀；（b）手用铰刀

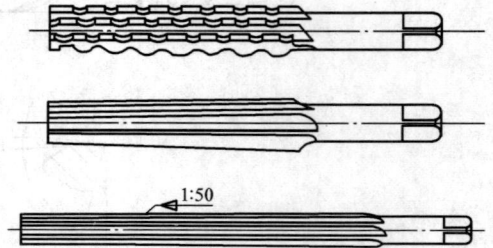

图 8-4　锥铰刀

尺寸较小的圆锥孔，铰孔前可按小端直径钻出圆柱底孔，再用锥铰刀铰削即可。尺寸和深度较大或锥度较大的圆锥孔，铰孔前的底孔应钻成阶梯孔。

2. 铰杠

手铰时，铰杠用来夹持铰刀柄部的方榫，带动铰刀旋转的工具为铰杠。常用的铰杠有普通铰杠和丁字铰杠，如图 8-5 所示。

固定式铰杠的方孔尺寸与柄长有一定规格。可调式铰杠的方孔尺寸可以调节，适用范围广泛。可调式铰杠的规格用长度表示，使用时应根据铰刀尺寸大小合理选用。

三、铰刀的研磨

新铰刀直径上一般留有 0.005～0.02mm 的研磨量，为保证铰孔精度，铰孔前应按工件的精度要求研磨铰刀直径。新铰刀的研磨可用研具在钻床上进行。另外，铰刀在使用过程中易产生磨损，通常也由钳工进行手工修磨。

1. 选择油石

修磨高速钢和合金工具钢铰刀，可选用 W14、中硬（ZY）或硬（Y）氧化铝油石；修磨硬质合金铰刀，可用碳化硅油石。

2. 研磨方法

油石在使用前应在机油中浸泡一段时间。将铰刀固定，研磨后刀面时，油石与铰刀后刀面贴紧，沿切削刃垂直方向轻轻推动油石，注意不能将油石沿切削刃方向推动，以免由于油石磨出沟痕将刃口磨钝。当铰刀前刀面需要研磨时，应将油石贴紧在前刀面上，沿齿槽方向轻轻推动，注意不要损坏刃口。

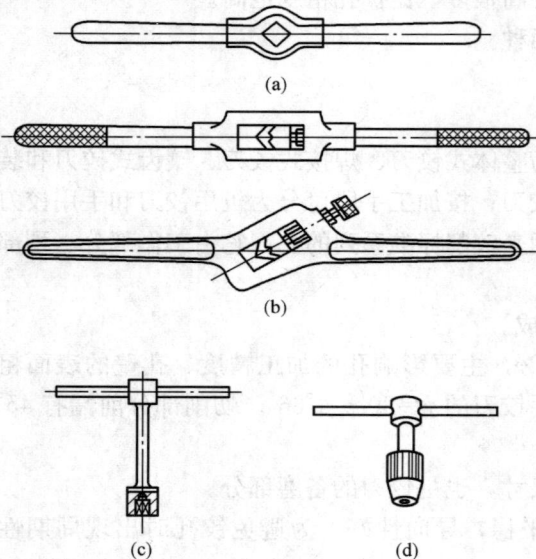

图 8-5　铰杠
（a）固定式铰杠；（b）可调式铰杠；
（c）固定式丁字铰杠；（d）可调式丁字铰杠

四、铰削余量

铰削余量是指上道工序（钻孔或扩孔）

完成后，孔径方向留下的加工余量。一般根据孔径尺寸、孔的精度、表面粗糙度及材料的软硬、铰刀类型等选取，见表8-1。

表8-1 铰 削 余 量

铰孔直径（mm）	<8	8~20	21~32	33~50	51~70
铰削余量（mm）	0.1~0.2	0.15~0.25	0.2~0.3	0.3~0.5	0.5~0.8

五、机铰的铰削速度和进给量

铰削钢材时，切削速度 $v<8m/min$，进给量 $f=0.4mm/r$；铰削铸铁时，切削速度 $v<10m/min$，进给量 $f=0.8mm/r$。

六、铰孔时的切削液

铰孔时，应根据零件材质选用切削液进行润滑和冷却，以减少摩擦和发热，同时将切屑及时冲掉，见表8-2。

表8-2 铰孔时的切削液

工件材料	切 削 液
钢	1. 10%~15%乳化液或硫化乳化液； 2. 铰孔要求较高时，采用30%菜油+70%乳化液； 3. 高精度铰孔时，可用菜油、柴油、猪油
铸铁	1. 一般不用； 2. 用煤油，使用时注意孔径收缩量最大可达0.02~0.04mm； 3. 低浓度乳化油水溶液
铜	乳化油水溶液
铝	煤油

七、铰圆锥孔的方法

铰尺寸较小的圆锥孔时，应先按圆锥孔的小头直径尺寸钻孔，再用圆锥铰刀铰孔；铰尺寸较大和较深的圆锥孔时，先钻出阶梯孔，然后进行铰孔。在铰孔过程中，应经常用与锥孔相配的锥销进行检查。一般塞入的长度为孔深的80%~85%即可。

八、铰孔注意事项

（1）工件要夹正，夹紧力适当，防止工件变形，以免铰孔后零件变形部分的回弹，影响孔的几何精度。

（2）手铰时，两手用力要均衡，速度要均匀，保持铰削的稳定性，避免由于铰刀的摇摆而造成孔口喇叭状和孔径扩大。

（3）随着铰刀旋转，两手轻轻加压，使铰刀均匀进给。同时变换铰刀每次停歇位置，防止连续在同一位置停歇而造成的振痕。

（4）铰削过程中或退出铰刀时，都不允许反转，否则将拉毛孔壁，甚至使铰刀崩刃。

（5）机铰时，要保证机床主轴、铰刀和工件孔三者中心的同轴度要求。若同轴度达不到铰孔精度要求时，应采用浮动方式装夹铰刀。

（6）机铰结束，铰刀应退出孔外后停机，否则孔壁有刀痕。

（7）铰削盲孔时，应经常退出铰刀，清除铰刀和孔内切屑，防止因堵屑而刮伤孔壁。

（8）铰孔过程中，按工件材料、铰孔精度要求合理选用切削液。

九、铰孔质量分析

铰孔精度和表面粗糙度的要求都很高，如操作不当将会产生废品。铰孔时废品产生的形式及原因见表 8 - 3。

表 8 - 3　　　　　　　　　铰 孔 质 量 分 析

废品形式	产 生 原 因
孔壁表面粗糙	1. 铰削余量不合适； 2. 切削液选择不当； 3. 切削速度过高； 4. 铰刀切削刃崩裂、不锋利或粘有积屑瘤，刃口不光洁等； 5. 铰削过程中或退刀时反转
孔呈多棱形	1. 铰削余量过大； 2. 铰刀切削部分后角过大或刃带过宽； 3. 工件夹持太紧； 4. 工件前道工序加工孔的圆度超差
孔径扩大	1. 机铰时铰刀与孔轴线不重合，铰刀偏摆过大； 2. 手铰时两手用力不均，铰刀晃动； 3. 切削速度太高，冷却不充分； 4. 铰锥孔时，未用锥销试配、检查，铰孔过深
孔径缩小	1. 铰刀磨损； 2. 铰削铸铁时用煤油做切削液，未考虑收缩量； 3. 铰削速度太低而进给量大； 4. 钝铰刀铰削薄壁件产生挤压，铰削后零件弹性变形产生缩孔

思 考 题

8-1　扩孔钻的结构与麻花钻相比有哪些特点？

8-2　试述锪钻的种类及应用场合。

8-3　常用的铰刀有哪几种？各应用于什么场合？

8-4　铰削余量为什么不能太大或太小？应根据什么来确定？

8-5　铰孔时铰刀为什么不能反转？

8-6　常见的铰孔废品有哪几种？如何避免？

技 能 训 练

椭圆四方配钻、扩、锪、铰孔

1. 工件分析

椭圆四方配钻、锪、铰孔的尺寸和技术要求如图 8-6 所示。工件已经划好线，需钻左

面 $\phi 6.7$ 孔，上面 M8 底孔 $\phi 6.7$，钻、扩 $\phi 8$ 铰孔底孔 $\phi 7.8$，中间 8 个 $\phi 6$ 排孔钻 $\phi 6$，锪沉头孔 $\phi 12$。在台钻上钻削，手动进给，钻孔转速取 $n=750\sim1000\text{r/min}$，扩孔、锪孔的转速 $n=400\text{r/min}$。

2. 操作步骤

（1）将工件下面垫上等高铁，在平口钳上夹紧。

（2）用 $\phi 6.7$ 的钻头，钻左面 $\phi 6.7$ 孔，上面 M8 底孔 $\phi 6.7$，钻 $\phi 8$ 铰孔底孔 $\phi 6.7$。

（3）用 $\phi 6$ 的钻头，钻中间 8 个 $\phi 6$ 排孔。

（4）用 $\phi 7.8$ 的钻头，扩 $\phi 8$ 铰孔底孔 $\phi 6.7$ 至 $\phi 7.8$。

（5）锪 $\phi 12$ 沉孔。用 $\phi 12$ 钻头，把左面 $\phi 6.7$ 孔上扩孔至 6.5mm 左右深。换上用 $\phi 12$ 钻头修磨成的锪钻，锪 $\phi 12$ 沉头孔至要求。

（6）孔口用钻头倒角 $1\times45°$。

（7）工件卸下夹在台虎钳上，用 $\phi 8$ 铰刀进行铰孔。

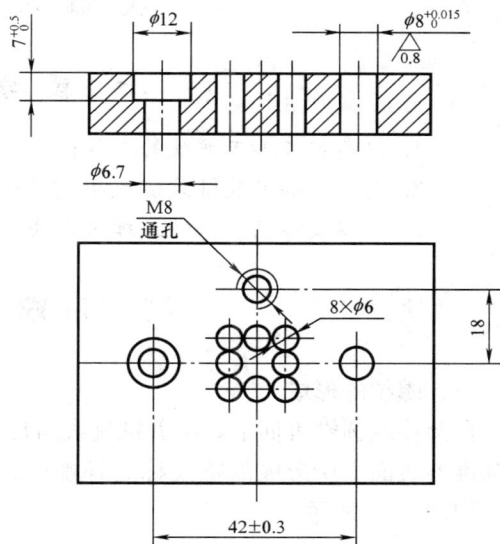

图 8-6　椭圆四方配钻、锪、铰孔

3. 注意事项

（1）钻孔时，钻头应对准孔中心冲眼，先钻一浅坑，检查校正孔位置后才能钻孔。

（2）钻孔时要经常退钻排屑，孔将穿透时进给量要减小。

（3）锪沉头孔时要把 $\phi 12$ 钻头修磨成如图 8-2（b）所示的形状，锪孔时要用较低的切削速度，及时检查沉孔的深度是否符合技术要求。

（4）铰孔前，必须测量铰刀尺寸以防超差。铰削时铰刀应垂直于工件，工件孔内可加少许润滑油，铰孔时铰刀应做顺时针旋转，不能逆时针转动，两手用力平稳而均匀，应经常取出清除铁屑，避免铰刀被卡住。

攻 螺 纹 与 套 螺 纹

教 学 目 标

1. 熟悉钳工加工螺纹的工具；
2. 能正确确定攻螺纹前底孔直径和套螺纹前圆杆直径；
3. 掌握攻螺纹、套螺纹加工方法。

第一节 螺 纹 基 本 知 识

一、螺纹的形成

在圆柱或圆锥表面上，沿着螺旋线所形成的具有规定牙形的连续凸起称为螺纹。在圆柱或圆锥外表面上所形成的螺纹称为外螺纹；在圆柱或圆锥内表面上所形成的螺纹称为内螺纹，如图 9-1 所示。

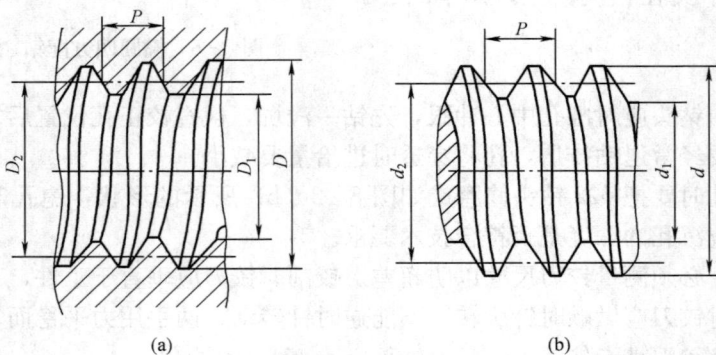

（a）　　　　　　　　　　　　　　　　　　（b）

图 9-1　内螺纹和外螺纹

二、螺纹的种类

螺纹的种类很多，有标准螺纹、特殊螺纹和非标准螺纹，其中以标准螺纹最常用，在标准螺纹中，除管螺纹采用英制外，其他螺纹一般采用米制。标准螺纹的分类如下：

（1）普通螺纹。又分为粗牙普通螺纹和细牙普通螺纹。

（2）管螺纹。分为用螺纹密封的管螺纹、非螺纹密封的管螺纹、60°圆锥管螺纹。用螺纹密封的管螺纹又分为圆锥内螺纹、圆锥外螺纹和圆柱内螺纹。

（3）梯形螺纹。

（4）锯齿形螺纹。

三、螺纹的主要参数及名称

（1）螺纹牙形。螺纹牙形是指在通过螺纹轴线剖面上的螺纹轮廓形状，常见的有三角形、梯形、锯齿形等。在螺纹牙形上，两相邻牙侧间的夹角为牙形角，牙形角有 55°（英制）、60°、30°等。

（2）螺纹大径（d 或 D）。螺纹大径是指与外螺纹牙顶或内螺纹牙底相切的假想圆柱或圆锥的直径。国家标准规定：米制螺纹的大径是代表螺纹尺寸的直径，称为公称直径。

（3）螺纹小径（d_1 或 D_1）。螺纹小径是指与外螺纹牙底与内螺纹牙顶相切的假想圆柱或圆锥的直径。

（4）螺纹中径（d_2 或 D_2）。螺纹中径是一个假想圆柱或圆锥的直径，该圆柱或圆锥的母线通过牙形上沟槽和凸起宽度相等的地方。该假想圆柱或圆锥称为中径圆柱或中径圆锥，中径圆柱或中径圆锥的直径称为中径。

（5）线数。螺纹线数是指一个圆柱表面上的螺旋线数目。它分单线螺纹、双线螺纹和多线螺纹。沿一条螺旋线所形成的螺纹为单线螺纹；沿两条或多条轴向等距离分布的螺旋线所形成的螺纹称为双线螺纹或多线螺纹。

（6）螺距（P）。螺距是指相邻两牙在中径线上对应两点间的轴向距离。

此外，螺纹的导程、旋向和螺纹旋合长度等也为螺纹的主要参数。

（7）螺纹的旋向。右旋螺纹不加标注；左旋螺纹加标注。

四、标准螺纹的代号及应用

标准螺纹的代号及应用见表 9-1。

表 9-1　　　　　　　　　　　　标准螺纹的代号及应用

螺纹类型	牙型代号	代号示例	代号说明	应　　用
粗牙普通螺纹	M	M10	粗牙普通螺纹，外径 10	大量用来紧固零件
细牙普通螺纹	M	M10X1	细牙普通螺纹，外径 10，螺距 1	主要用于定位、调整、固定等
梯形螺纹	Tr	Tr36X12/2-IT7 左	梯形螺纹，外径 36，导程 12，2 线，IT7 级精度，左旋	能承受两个方向的轴向力，多作为传动件，如机床丝杆
锯齿形螺纹	B	B70X10	锯齿形螺纹，外径 70，螺距 10	能承受较大的单向轴力，多作为传递带向负载的传动丝杆

第二节 攻　螺　纹

一、攻螺纹概念

用丝锥加工零件内螺纹的操作称为攻螺纹。

二、攻螺纹的工具

攻螺纹工具包括丝锥和铰杠。

1. 丝锥

（1）丝锥的分类。丝锥是用来切削内螺纹的工具，分手用和机用两种，如图 9-2 所示，手用丝锥由合金工具钢或轴承钢制成，机用丝锥用高速钢制成。

（2）丝锥的构造。丝锥由工作部分和柄部组成，工作部分包括切削部分和校准部分。切削部分起主要切削作用，呈锥形，其上开有几条容屑槽，以形成切削刃和前角。刀齿高度由端部逐渐增大，使切削负荷分布在几个刀齿上，切削省力，刀齿受力均匀，不易崩齿或折断，丝锥也容易正确切入。校准部分有完整的齿形，起导向、修光的作用。柄部有方榫，用来传递转矩。

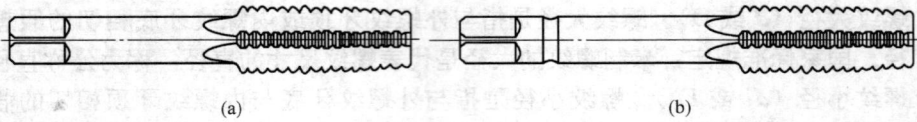

图 9-2 丝锥
(a) 手用丝锥；(b) 机用丝锥

为了减少攻螺纹时的切削力、提高丝锥的使用寿命，将切削负荷分配给一组丝锥，手用丝锥通常 2～3 支组成一组。其切削负荷的分配有锥形分配和柱形分配两种形式，如图 9-3 所示。切削负荷采用锥形分配时，同组丝锥的大径、中径和小径都相等，只是切削部分的长度和锥角不等。头锥切削部分的长度为 5～7 个螺距，二锥是 2.5～4 个螺距，三锥是 1～2 个螺距。切削负荷采用柱形分配时，同组丝锥的大径、中径和小径都不等，随头锥、二锥、三锥依次增大。攻螺纹时，切削用量分配合理，每支丝锥磨损均匀，使用寿命长。但攻螺纹时顺序不能搞错。

图 9-3 丝锥切削量分配
(a) 锥形分配；(b) 柱形分配

2. 铰杠

铰杠是用来夹持丝锥柄部的方榫、带动丝锥旋转切削的工具。铰杠有普通铰杠和丁字形铰杠两类，各类铰杠又分为固定式和可调式两种。固定式普通铰杠用于攻制 M5 以下螺纹孔，可调式普通铰杠应根据丝锥尺寸大小合理选用，见表 9-2。丁字形铰杠用于攻制工作台旁边或机体内部的螺孔。

表 9-2　　　　　　　　　　　　　可调式普通铰杠的适用范围

铰杠规格	150～200	200～500	250～300	300～350	350～450
适用丝锥范围	≤M6	M8～M10	M12～M14	M14～M16	≥M16

三、攻螺纹前底孔直径的确定

攻螺纹时，丝锥在切削材料的同时，还产生挤压，使材料向螺纹牙尖流动。若攻螺纹前底孔直径与螺纹小径相等，被挤出的材料就会卡住丝锥甚至使丝锥折断。并且材料的塑性越大，挤压作用越明显。因此，攻螺纹前底孔直径的大小应从被加工材料的性质考虑，保证攻螺纹时既有足够的空间来容纳被挤出的材料，又能够使加工出的螺纹有完整的牙型。

一般攻普通螺纹前的底孔直径（D_0）可参照下式计算：

$$D_0 = D - nP$$

式中　D——螺纹公称直径，mm；

　　　P——螺距，mm；

　　　n——常数，在钢或韧性材料上攻螺纹时 $n=1$，在铸铁或脆性材料上攻螺纹时 $n=1.1$。

攻盲孔螺纹时，由于丝锥切削部分带有锥角，不能切出完整的螺纹牙形，因此为了保证螺孔的有效深度，所钻底孔深度（L_0）一定要大于所需螺孔深度（L）一般取

$$L_0 = L + 0.7D$$

式中　D——螺纹公称直径，mm。

四、攻螺纹方法及注意事项

（1）确定底孔直径，钻孔后两端面孔口应倒角，这样丝锥容易切入，攻穿时螺纹也不会崩裂。

（2）根据丝锥大小选用合适的铰杠，勿用其他工具代替铰杠。

（3）攻螺纹时丝锥应垂直于底孔端面，不得偏斜。在丝锥切入1～2圈后，用直角尺在两个互相垂直的方向检查，若不垂直，应及时校正，如图9-4所示。

（4）丝锥切入3～4圈时，只需均匀转动铰杠。且每正转1/2～1圈，要倒转1/4～1/2圈，以利断屑、排屑，如图9-5所示。攻韧性材料、深螺孔和盲螺孔时更应注意。攻盲螺孔时还应在丝锥上做好深度标记，并经常退出丝锥排屑。

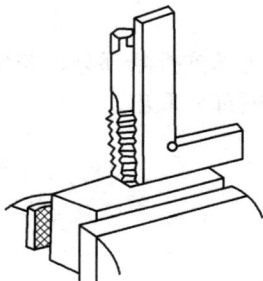

图9-4　用直角尺
检查丝锥位置

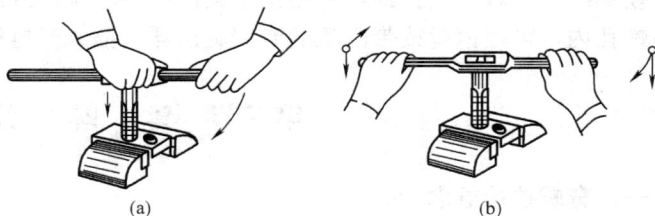

图9-5　攻螺纹方法

（5）攻较硬材料时，应头锥、二锥交替使用。调换时，先用手将丝锥旋入孔中，再用铰杠转动，以防乱扣。

（6）攻韧性材料或精度较高螺孔时，要选用适宜的切削液。常用切削液参见表9-3。

表9-3　　　　　　　　　　攻螺纹时切削液的选用

零件材料	切　削　液
钢	乳化液、机油、菜油等
铸铁	煤油或不用
铜合金	机械油、硫化油、煤油＋矿物油
铝及铝合金	50％煤油＋50％机械油、85％煤油＋15％亚麻油、松节油

（7）攻通孔时，丝锥的标准部分不能全部攻出底孔口，以防退丝锥时造成螺纹烂牙。

五、丝锥的修磨

当丝锥切削部分磨损或切削刃崩牙时，应刃磨后再使用。先将损坏部分磨掉，再磨出后角，如图9-6所示。要把丝锥竖起来刃磨，手的转动要平稳、均匀。刃磨后的丝锥，各对应处的锥角大小要相等，切削部分长度要一致。

当丝锥校准部分磨损时，可刃磨前刀面使刃口锋利，如图9-7所示。刃磨时，丝锥在

棱角修圆的片状砂轮上做轴向运动，整个前面要均匀磨削，并控制好角度。注意冷却，防止丝锥刃口退火。

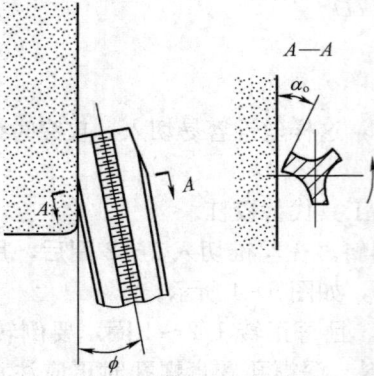

图 9-6　修磨丝锥的后刀面

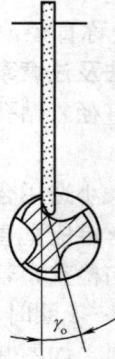

图 9-7　修磨丝锥的前刀面

六、取出折断在螺孔中丝锥的方法

攻螺纹时，若丝锥折断，可用钳子旋出或用錾子沿旋出方向敲出丝锥折断部分；若丝锥断在螺孔内，可用钢丝或带凸爪的专用旋出器，插入丝锥槽中将折断部分取出。

第三节　套　螺　纹

一、套螺纹的概念

用板牙在圆柱或管子的表面加工外螺纹的操作称为套螺纹。

二、套螺纹的工具

套螺纹的工具包括圆板牙与板牙架。

1. 板牙及其构造

板牙是用来切削外螺纹的工具。它由切削部分、校准部分和排屑孔组成，如图 9-8 所示。排屑孔形成刃口。切削部分是指板牙两端的锥形部分，其锥角约为 $30°\sim40°$，前角在 $15°$ 左右，后角约为 $8°$。校准部分在板牙的中部，起导向和修光作用。

圆板牙两端都有切削部分，一端磨损后可换另一端使用。但圆锥管螺纹板牙只在一面制成切削锥，所以圆锥管螺纹板牙只能单面使用。

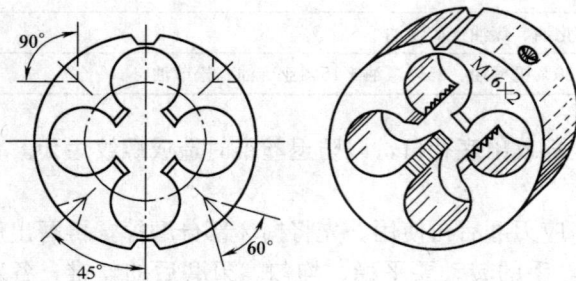

图 9-8　圆板牙

2. 板牙架

板牙架是用来安装板牙并带动板牙旋转切削的工具，如图 9-9 所示。

三、套螺纹时圆杆直径的确定

套螺纹时，板牙在切削材料的同时，也会产生挤压作用，使材料产生塑性变形，所以套螺纹前的圆杆直径 (d_0) 应稍小于螺纹公称直径 (d)，可参照下式计算：

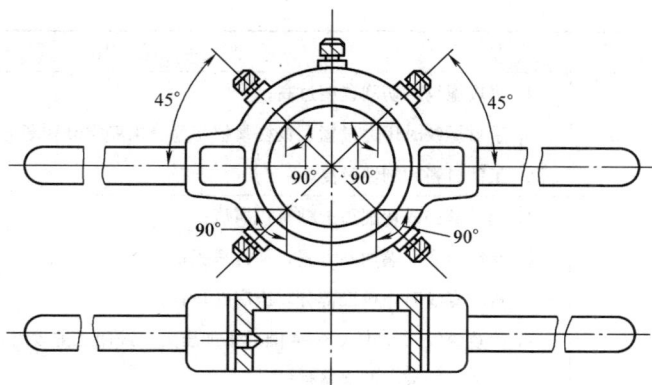

图 9-9 板牙铰杠

$$d_0 = d - 0.13P$$

式中 P——螺距，mm。

圆杆直径确定后，为便于切削，在圆杆的端部应倒角约 15°，倒角处小端直径小于螺纹小径。

四、套螺纹方法及注意事项

（1）确定圆杆直径，切入端应倒角 15°～20°。

（2）用软钳口或硬木做的 V 形块将工件夹持牢固，注意圆杆夹持要垂直于钳口，且不能损伤外表面，如图 9-10 所示。

（3）将装入板牙架的板牙套在圆杆上，保证板牙端面应与螺杆轴线垂直。

（4）开始套螺纹，在转动板牙的同时施加适当的轴向压力。当切出 1～2 圈螺纹后，检查是否套正，如有歪斜应慢慢校正后再继续加工。此时，只需均匀转动板牙，而不加压力。但要经常倒转板牙断屑。

（5）为提高螺纹表面质量和延长板牙使用寿命，套螺纹和攻螺纹一样，要加切削液，可选用浓的乳化液、机油；螺纹精度要求高时，可选用菜油或二硫化钼。

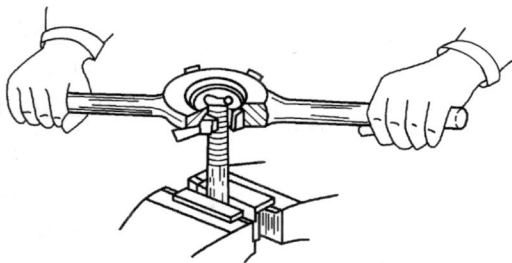

图 9-10 用 V 形块夹持圆杆套螺纹

第四节 攻螺纹与套螺纹时废品分析

一、攻螺纹时常见缺陷分析

攻螺纹时常见缺陷形式及产生的原因见表 9-4。

表 9-4 攻螺纹时常见缺陷分析

缺 陷 形 式	产 生 原 因
丝锥崩刀、折断或磨损过快	1. 螺纹底孔直径偏小或深度不够； 2. 丝锥参数刃磨不合适； 3. 切削液选择不合适；

缺 陷 形 式	产 生 原 因
丝锥崩刀、折断或磨损过快	4. 机攻螺纹时切削速度过高； 5. 手攻螺纹时用力过猛、铰杠掌握不稳、未经常倒转断屑、切屑堵塞； 6. 工件材料的韧性过高
螺纹烂牙	1. 丝锥磨钝或切削刃上粘有积屑瘤； 2. 丝锥与底孔端面不垂直，强行矫正； 3. 机攻螺纹时，校准部分攻出底孔口； 4. 手攻螺纹时，攻入 3~4 圈后仍加压力；或用二锥攻时，直接用铰杠旋入； 5. 未加切削液，润滑条件差
螺纹牙型不整	1. 攻螺纹前底孔直径过大； 2. 丝锥磨钝或切削刃刃磨不对称

二、套螺纹时常见缺陷分析

套螺纹时常见缺陷分析见表 9-5。

表 9-5 套螺纹时常见缺陷分析

缺 陷 形 式	产 生 原 因
板牙崩齿、破裂或磨损过快	1. 圆杆直径过大或端部未倒角； 2. 板牙端面与圆杆轴线不垂直； 3. 未经常倒转断屑，造成切屑堵塞； 4. 未选用切削液
螺纹烂牙	1. 圆杆直径过大，起套困难； 2. 套入 1~2 圈后仍加压力； 3. 强行校正已套歪的螺纹或未倒转断屑； 4. 未用合适切削液
螺纹牙型不整	1. 圆杆直径过小； 2. 将板牙直径调节过大
螺纹歪斜	1. 起套时，板牙端面与圆杆轴线不垂直； 2. 两手用力不均使板牙位置发生歪斜

思 考 题

9-1 试述丝锥各组成部分的名称、结构特点及其作用。

9-2 攻螺纹底孔直径是否小于螺纹小径？为什么？

9-3 在钢料上攻制 M12×1 螺孔、M18 螺孔，在铸铁上攻制 M12×1 螺孔、M18 螺孔，应选用多大直径的钻头钻底孔？

9-4 简述攻螺纹工作过程及动作要点。

9-5　常见攻螺纹废品有哪几种？造成的原因是什么？

9-6　攻螺纹丝锥损坏的原因有哪些？

9-7　试述圆板牙的各组成部分的名称、结构特点和作用。

9-8　套螺纹圆杆直径为什么要比螺纹大径小一些？圆杆直径前端为什么要倒角？

9-9　试述套螺纹工作要点。

9-10　套螺纹产生废品的形式有哪几种？造成的原因是什么？

技 能 训 练

一、椭圆四方配攻螺纹

1. 工件分析

工件已经加工好螺纹底孔 $\phi6.7$，选用 M8 丝锥攻螺纹，铰杠规格为 $200\sim250$mm。

2. 操作步骤

（1）工件装夹在台虎钳上，应保证螺纹孔轴线与台虎钳钳口垂直。

（2）用铰杠夹住头锥放入底孔，稍加压力，旋入 $1\sim2$ 圈后，用直角尺检查并校正。攻入 $3\sim4$ 圈后可不加压力，只均匀转动铰杠。

（3）头锥攻完后，再用二锥提高螺孔质量。

3. 注意事项

（1）攻螺纹两手旋转时用力要均匀，应经常倒转 $1/4\sim1/2$ 圈断屑。

（2）攻螺纹时感到两手转动铰杠很用力时，不可强行转动，应及时倒转丝锥或退出丝锥，排除铁屑后再继续加工。

二、螺杆两端套螺纹

1. 工件分析

工件图样如图 9-11 所示。加工材料为 45 钢，切削性能较好。套螺纹前，计算出圆杆直径 $d_0=7.8$mm，已经车削完成且两端已倒角。

2. 操作步骤

（1）圆杆用硬木做的 V 形块衬垫，装夹在台虎钳上。螺杆轴线应与钳口垂直。

（2）将装在板牙架内的板牙套在圆杆上，使板牙端面与圆杆轴线垂直。转动板牙的同时加轴向压力。当切出 $1\sim2$ 圈后，检查是否套

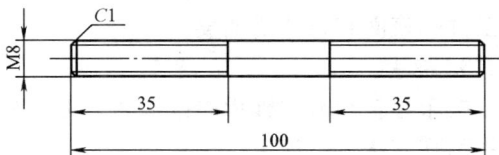

图 9-11　套螺纹

正。套正后，只需均匀转动板牙，不需加压，但要经常反转断屑，并加切削液。

（3）一端加工完螺纹后再加工另一端。

3. 注意事项

（1）起套时要从两个方向检查板牙端面与圆杆轴线的垂直度，套螺纹过程中也应经常注意检查，保证板牙端面与圆杆轴线垂直。

（2）套螺纹时两手用力要均匀，应经常倒转断屑。

（3）在套螺纹时要加少许润滑油，改善螺纹的表面粗糙度，延长板牙使用寿命。

刮　　削

教 学 目 标

1. 了解刮刀的种类，掌握平面刮刀的刃磨；
2. 掌握平面刮削的方法和显示剂的使用；
3. 了解刮削操作的安全技术。

第一节　概　　述

用刮刀在工件表面上刮去一层很薄的金属，以提高工件加工精度的操作称为刮削。

一、刮削的原理

将工件表面与标准工具或与其配合的工件之间涂上一层显示剂，经过对研，使工件上较高的部位显示出来，然后用刮刀进行微量的切削，刮去较高部位的金属层。经过这样反复地对研和刮削，工件就能达到正确的形状和精度要求。

二、刮削的特点和作用

1. 特点

刮削具有切削量小、切削力小、产生热量小、装夹变形小等特点，不存在车、铣、刨等机械加工中不可避免的振动、热量变形等因素。

2. 作用

在刮削过程中，由于工件多次反复地受到刮刀的推挤和压光作用，因此使工件的表面组织变得比原来紧密，并得到较细的表面粗糙度。经过刮削，可以提高工件的形状精度和配合精度；增加接触面积，从而增大了承载能力；形成了比较均匀的微浅凹坑，创造了良好的存油条件；提高工件的表面质量，从而提高工件的耐磨和耐蚀性，延长了使用寿命；刮削还能使工件的表面和整体增加美观。

3. 应用

机床导轨和滑动轴承的接触面，工具和量具的接触面及密封表面等，在机械加工之后也常用刮削方法进行加工。

三、刮削余量

刮削是一项繁重的操作，每次的刮削量又很少，因此机械加工所保留下来的刮削余量不能太大，一般为 0.05～0.4mm。在考虑确定工件的加工余量时应该考虑以下因素。

（1）刮削工件面积的大小，面积大、余量大。

（2）刮削前加工误差大、余量大。

（3）工件的结构刚性差时，容易变形，余量大。

一般，工件在刮削前的加工精度（直线度和平面度）应不低于形位公差规定的 9 级精度。

四、刮削种类

（1）平面刮削：有单个平面刮削和组合平面刮削两种（见图10-1）。

（2）曲面刮削：有内圆柱面、内圆锥面、球面刮削等（见图10-2）。

图10-1 平面刮削

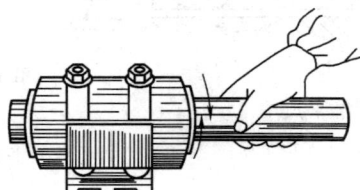

(a)

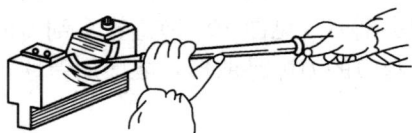

(b)

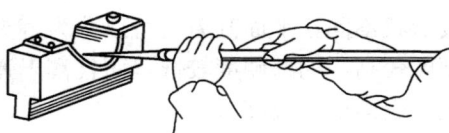

(c)

图10-2 曲面刮削

第二节 刮 削 工 具

一、校准工具

校准工具也称研具，它是用来推磨研点和检验刮削面准确性的工具。常用的有以下几种。

1. 标准平板

标准平板（见图10-3）是用来检验较宽的平面，其面积尺寸有多种规格。选用时，它的面积一般不大于刮削面积的3/4。

2. 标准平尺

标准平尺主要用来检验狭长的平面。

平面常用的有桥式平尺和工字形平尺两种，如图10-4所示。

3. 角度直尺

角度直尺主要用来校验两个刮面成角度的组合平面，如燕尾导轨的角度等。

角度直尺两个基准面经过精刮，第三面作为放置时的支承面，所以不必经过精加工。各种直尺不用时，应该将其吊起。不便吊起应安放平整，以防变形。

二、刮刀

1. 作用

刮刀是刮削的主要工具（刀头应具有较高的硬度，刃口必须保持锋利）。

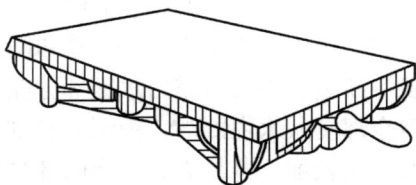

图10-3 标准平板

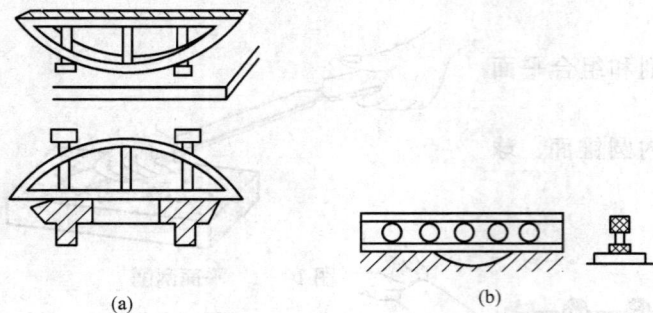

图 10 - 4　标准平尺

(a) 桥形平尺；(b) 工字形平尺

2. 材料

刮刀一般采用碳素工具钢 T10A—T12A 或弹性较好的 GCr15 滚动轴承钢锻造而成，也可以采用焊接的硬质合金刀头。

3. 种类

按用途不同，刮刀可分为平面刮刀和曲面刮刀。

(1) 平面刮刀。平面刮刀主要用来刮削平面，如平板、工作台等，也可以刮削外曲面。

按所刮表面精度要求不同，平面刮刀又可以分为粗刮刀、细刮刀和精刮刀三种。

按形状不同，平面刮刀又可以分为直头刮刀和弯头刮刀（见图 10 - 5）。直头刮刀的切削部分硬度较高，柄部硬度较低，而且富于弹性。弯头刮刀的刀体是曲形，能增加弹性，刮出来的工件表面质量较好。

(2) 曲面刮刀。曲面刮刀主要用来刮削内曲面，如滑动轴承的内孔等。

曲面刮刀的种类较多，常用的有三角刮刀和蛇头刮刀两种（见图 10 - 6）。

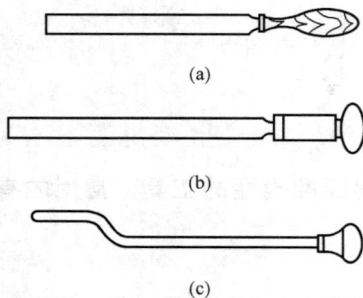

图 10 - 5　平面刮刀

(a)、(b) 直头刮刀；(c) 弯头刮刀

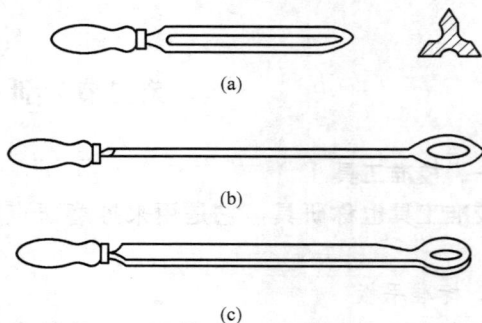

图 10 - 6　曲面刮刀

(a)、(b) 三角刮刀；(c) 蛇头刮刀

(3) 平面刮刀的刃磨。

1) 粗磨。锻制成形后的刮刀，先在砂轮机上粗磨刮刀平面，使刮刀平面在砂轮外圆上来回移动，将两平面上的氧化皮磨去，再将两个平面分别在砂轮的侧面上磨平，要求达到两平面互相平行；然后刃磨刮刀的两侧面；最后将刮刀的顶端放在砂轮缘上平稳地左右移动，刃磨到使顶端与刀身中心线垂直即可［见图 10 - 7 (a)］。

将粗磨好的刮刀，头部长度约 25mm 处放在炉中缓慢加热到 780～800℃（呈樱红色），取出后迅速放入冷水中冷却，浸入深度约 8～16mm。刮刀接触水面时应做缓慢平移和间断地少许上下移动，这样可以使淬硬与不淬硬的界限处不发生断裂。当刮刀露出水面部分颜色呈黑色，由水中取出部分颜色呈白色时，应迅速再将刮刀全部浸入水中冷却。精刮刀及刮花刀淬火时，可用油冷却，这样刀头不易产生裂纹、金属的组织较细、容易刃磨，切削部分硬度接近 HRC60。

热处理后的刮刀一般还需在细砂轮上粗磨，粗磨时的刮刀形状和几何角度须达到要求。但热处理后的刮刀刃磨时必须经常蘸水冷却，以防止刃口部分退火，如图 10 - 7（b）所示。

2）细磨。粗磨后的刮刀，刀刃还不符合平整和锋利的要求，必须在油石上细磨。细磨时，应在油石表面上滴上适当机油，然后将刀头平面平贴在油石上来回移动，直至平面光整为止，如图 10 - 8（a）所示。细磨刮刀顶端时，应用右手握住刀身头部，左手扶住刀柄，使刮刀直立在油石上，然后右手用力线前推移。在拉回时，刀身应略微提起一些，使刀头与油石脱离，以免磨损刀刃，如图 10 - 8（b）所示。

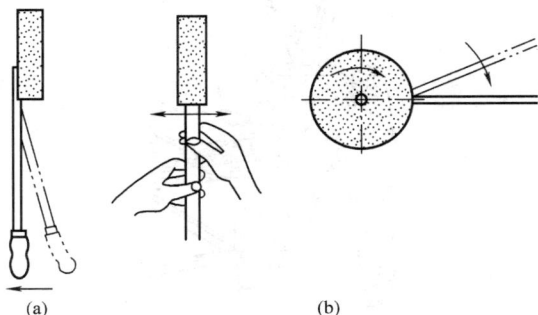

图 10 - 7　平面刮刀的粗磨方法
（a）粗磨刮刀平面；（b）粗磨刮刀顶端面

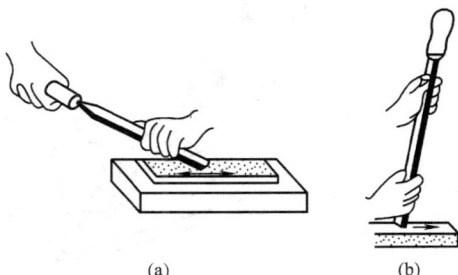

图 10 - 8　平面刮刀的细磨方法

第三节　刮　削　方　法

一、刮削前的准备工作

1. 工作场地的选择

刮削场地的光线应适当，太强或太弱都可能看不清研点。

2. 工件的支承

工件必须安放平稳，使刮削时不产生摇动。

3. 工件的准备

应去除工件刮削面毛刺，锐边要倒角，以防划伤手指，擦净刮削面上油污，以免影响显示剂的涂布和显示效果。

4. 刮削工具的准备

根据刮削要求应准备所需的粗、细、精刮刀及校准工具、有关量具等。

二、刮削方法

1. 平面刮削方法

平面的刮削姿势有手刮法和挺刮法两种。

手刮法是刮削时右手如握锉刀柄姿势，左手四指向下蜷曲握住刮刀近头部约 50mm 处，刮刀和刮面成 25°～30°，如图 10 - 9 所示。左脚前跨一步，上身随着推刮而向前倾斜，以增加左手压力，也便于看清刮刀前面的研点情况。右臂利用上身摆动使刮刀向前推进，在推进的同时，左手下压，引导刮刀前进，当推进到所需距离后，左手迅速提起，这样就完成了一个手刮动作。这种刮削方法动作灵活、适应性强，应用于各种工作位置，对刮刀长度要求不太严格，姿势可以合理掌握，但是手部易疲劳，不宜在加工余量较大的场合采用。

挺刮法是刮削时将刀柄放在小腹右下侧，双手握住刀身，左手在前，握于距刀刃约80mm处，右手在后；刀刃对准研点，左手下压，利用腿部和臀部力量将刮刀向前推进，当推进到所需距离后，用双手迅速将刮刀提起，这样就完成了一个挺刮动作，如图 10 - 10 所示。由于挺刮利用下腹肌肉施力，每刀切削量较大，所以适合大余量的刮削，工作效率较高，但需要弯曲身体操作，腰部易疲劳。

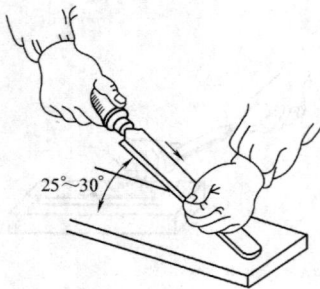

图 10 - 9　手刮法　　　　　　　　　　　　图 10 - 10　挺刮法

平面刮削可以按粗刮、细刮、精刮和刮花四步骤进行。

（1）粗刮。当工件表面有明显的加工痕迹或严重生锈、加工余量较大（大于 0.05mm 以上）时，必须进行粗刮。刮削时，可以采用连续推铲的方法，刮刀的刀痕连成长片。整个刮削面上要均匀刮削，不能出现中间低、边缘高的现象，如果刮削面有平行度要求时，刮削前应先测量一下，根据前道加工所遗留的误差情况，进行不同量的刮削，以消除显著的不平行情况，提高刮削精度。当刮到每 25mm×25mm 方框内有 2～3 个研点时，即可以转入细刮。

（2）细刮。用细刮刀在刮削面上刮去稀疏的大块研点，以进一步改善不平的现象。细刮时，采用的刮刀不能太宽，在 15mm 左右为宜，可以采用短刮法（刀迹长度约为刀刃的宽度）。随着研点的增多，刀迹逐渐缩短。在刮第一遍时，必须保持一定方向；刮第二遍时要交叉刮削，形成 45°～60°的网纹，以消除原方向的刀迹，达到精度要求。当整个刮面上，在每 25mm×25mm 内出现 12～15 个研点时，细刮结束。

（3）精刮。在细刮的基础上，通过精刮来增加研点，能显著提高刮削表面的质量。精刮时，刀迹长度一般为 5mm 左右，若刮面越狭小，精度要求越高，刀迹则越短。刮削时，落刀要轻，起刀要迅速挑起，在每个研点只能刮一刀，不应重复，并始终交叉的进行刮削。当研点数逐渐增多到每 25mm×25mm 内出现 20 个研点以上时，即可分为三区分别对待。最大最亮的研点全部刮去；中等研点在其顶点刮去一小片；小研点留着不刮。这样连续刮几遍，即能迅速达到所需要的研点数。在刮到最后两三遍时，交叉刀迹要大小一致、排列整齐，以使刮削面美观。

在不同的刮削步骤中，应适当控制每刮一刀的深度。刀迹的深度，可以从刀迹的宽度上反映出来，因此可以从控制刀迹宽度来控制刀迹深度。当左手对刮刀的压力大，刮后的刀迹则宽而深。粗刮时，刀迹宽度不要超过刃口宽度的 2/3～3/4，否则刀刃的两侧容易陷入刮削面造成沟纹。细刮时，刀迹宽度约为刃口宽度的 1/3～1/2，刀迹过宽也会影响到单位面积内的研点数。精刮时，刀迹宽度应该更窄。

（4）刮花。刮花是在刮削面或机器外露表面上利用刮刀刮出装饰性的花纹，以增加刮削面的美观，并能使滑动件之间造成良好的润滑条件。同时，还可以根据花纹的消失情况来判断平面的磨损程度。常见的花纹有斜塞花、鱼鳞花和半月花三种（见图 10 - 11）。此外，还有很多其他花纹，可以根据需要自行设计、刮出。

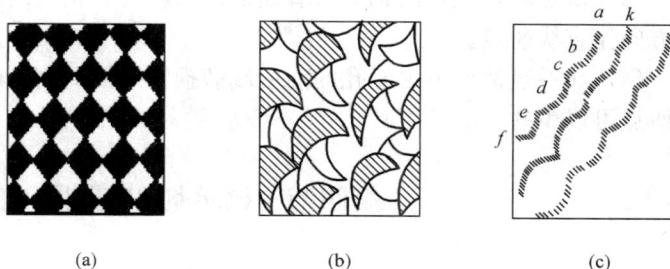

图 10 - 11 刮花图案
（a）斜塞花；（b）鱼鳞花；（c）半月花

2. 平行面和垂直面的刮削方法

（1）平行平面的刮削方法。先确定被刮削的一个平面为基准面，首先进行粗、细、精刮，达到单位面积研点数的要求后，就以此面为基准面，再刮削对应的平行面。刮削前用百分表测量该面对基准面的平行度误差，确定粗刮时各刮削部分的刮削量，并以标准平板为测量基准，结合显点刮削，以保证平面度要求。在保证平面度和初步达到平行度的情况下，进入细刮工序。细刮时除了用显点方法来确定刮削部位外，还要结合百分表进行平行度测量，以做必要的刮削修正。达到细刮要求后，可进行精刮，直到单位面积的研点和平行度都合要求为止。

用百分表测量平行度时，将工件的基准平面放在标准平板上，百分表底座与平板相接触，百分表的测量触头在加工表面上。测量触头触及测量表面时，应调整到使其有 0.3mm 左右的初始读数，然后将百分表沿着工件被测表面的四周及两条对角线方向进行测量，测得最大读数和最小读数之差即为平行度误差。

（2）垂直面的刮削方法。垂直面的刮削方法与平面的刮削方法相似，先确定一个平面进行粗、细精刮后作为基准面，然后对处置面进行测量，以确定粗刮的刮削部分和刮削量，并结合显点刮削，以保证达到垂直度要求。细刮和精刮时，除按研点进行刮削外，还要不断地进行垂直度测量，直至被刮面的单位面积上的研点数和垂直度都符合要求为止。

3. 曲面的刮削方法

曲面刮削一般是指内曲面刮削。其刮削的原理和平面刮削一样，只是刮削方法及所用的刀具不同。内曲面刮削时，应该根据其不同形状和不同的刮削要求，选择合适的刮刀和显点方法。一般是以标准轴（也称工艺轴）或与其相配合的轴作为内曲面研点的校准工具。研合时将显示剂涂在轴的圆周上，使轴在曲面中旋转显示研点，然后根据研点进行刮削。

内曲面的刮削姿势有两种。第一种是刮削时右手握刀柄，左手掌心向下，四指横握刀身，大拇指抵住刀身，左、右手同时做圆弧运动，并顺曲面刮刀做后拉或前推的螺旋运动，刀迹与曲面轴线成 45°夹角，且交叉进行；第二种是刮刀柄搁在右手臂上，双手握住刀身，刮削动作和刮刀轨迹与上一种姿势相同。

曲面刮削时应注意以下几点。

（1）刮削时用力不可太大，以不发生抖动，不产生振痕为宜。

（2）交叉刮削，刀迹与曲面内孔中心线约成 45°，以防止刮面产生波纹，研点也不会为条状。

（3）研点时相配合的轴应沿着曲面来回转动，精刮时转动弧长应小于 25mm，切忌沿轴线方向作直线研点。

（4）在一般情况下由于孔的前后端磨损快，因此刮削时，前后端的研点要多一些，中间的研点可以少些。

第四节　显示剂和刮削精度的检查

显示剂是工件和校准工具对研时，所加的涂料。其作用是显示工件误差的位置和大小。

一、种类

常用显示剂有红丹粉和蓝油。

红丹粉是由氧化铁或氧化铅加机油调和而成的。前者呈紫红色，后者呈橘黄色。常用于铸铁和钢的刮削。由于红丹粉显点清晰，没有反光，故应用非常广泛。

蓝油是用蓝色加蓖麻油调和而成，呈深蓝色。研点小而清楚，多用于精密工件和有色金属及其合金的工件。

二、显示剂用法

刮削时，显示剂可以涂在工件表面上，也可以涂在校准工具上。前者在工件表面显示的结果是红底黑点，没有闪光，容易看清，适用于精刮时选用。后者只在工件表面的高处着色，研点暗淡，不易看清，但切屑不易黏附在刀刃上，刮削方便，适用于粗刮时选用。

调和时，粗刮时可调得稀些，这样便于涂抹，显示的研点也大，精刮时，应调得干些，涂抹要薄而均匀，这样显示的研点细小，否则会模糊不清。

三、显点的方法（见图 10 - 12）

（1）中、小型工件的显点：一般是校准平板固定不动，工件被刮面在平板上推研。

（2）大型工件的显点：将工件固定，平板在工件的被刮面上推研。

（3）质量不对称工件的显点：将工件固定，平板在工件的被刮面上推研。

(a)　　　　　　　　　　　　　　　(b)

图 10 - 12　工件显点

(a) 平面显点；(b) 曲面显点

四、刮削精度的检查

对刮削面的质量要求，一般包括形状和位置精度、尺寸精度及贴合程度、表面粗糙度等。根据工件的工作要求不同，检查刮削精度的方法有以下两种。

（1）以贴合点的数目来表示（见图 10 - 13）。即以 25mm×25mm 的正方形内研点数目的多少来表示，点数越多精度越高。

（2）用允许的平面度和直线度表示。工件大范围平面内的平面度、机床导轨面的直线度等，可以用方框水平仪和塞尺配合检查（见图 10 - 14），同时其接触精度应符合规定的技术要求。

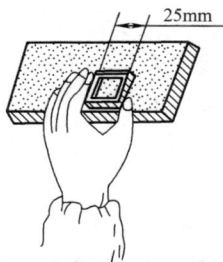

图 10 - 13　用方框检查研点

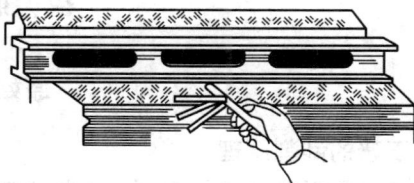

图 10 - 14　用塞尺检查配合面间隙

第五节　刮削废品分析和安全技术

一、刮削废品分析

刮削废品的形式、特征和产生原因见表 10 - 1。

表 10 - 1　　　　　　　　　刮削废品的形式、特征和产生原因

废品形式		特　征	产　生　原　因
表面缺陷	深凹坑	刮削面研点局部稀少或刀迹与显示研点高低相差太多	1. 粗刮时用力不均，局部落刀太重或多次刀迹重叠； 2. 刮刀切削部分圆弧过小
	撕痕	刮削面上有粗糙的条状刮痕，较正常刀迹深	1. 刀刃有缺口和裂纹； 2. 刀刃不光滑、不锋利
	振痕	刮削表面上出现有规则的波纹	多次同向刮削，刀迹没有交叉
	划痕	刮削面上划出深浅不一和较长的直线	研点时夹有沙粒、铁屑等杂质，或显示剂不清洁
刮削面精度不准确		显点情况无规律	1. 推磨研点时压力不均，研具伸出工件太多，按出现的假点刮削时造成； 2. 研具本身不准确

刮削是一种精密加工，每一刀刮去的余量很少，一般不会产生废品。避免产生刮削废品的方法是采用合理的刮削方法以及及时检测。

二、刮削安全技术

（1）刮削前，工件的锐边、锐角必须去掉，防止伤手。

（2）刮削工件边缘时，不能用力过大过猛。

（3）刮刀用后，用纱布包裹好妥善安放。

思 考 题

10-1　简述刮削的原理和作用。

10-2　平面刮削包括哪几个步骤？各有何要求？

技 能 训 练

原始平板刮削

一、正研的刮削原理

先将三块平板单独进行粗刮，去除机械加工的刀痕、锈斑等。然后将原始平板分别编号为 A、B、C，采用 A 与 B、A 与 C、C 与 B 合研。对研方向如图 10-15 中箭头所示。

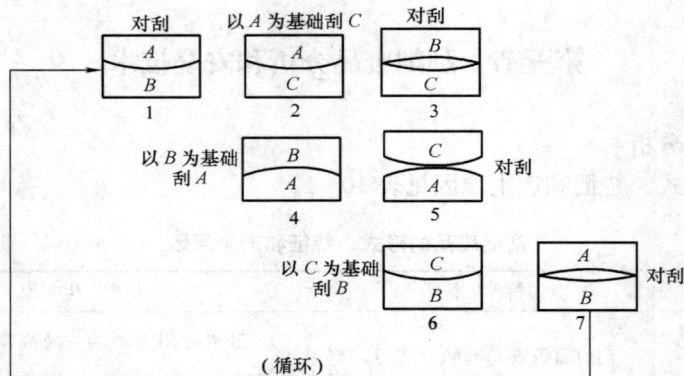

图 10-15　原始平板刮削步骤

由图中可以看出，B、C 平板都和 A 平板对研，A 平板叫过渡基准。刮研结果是：图（a）为 B 平板凸，图（b）为 C 平板凸，图（c）则能消除 B 和 C 平板的凸。如果再分别以 B、C 平板为过渡基准重复上面的过程，即三块轮换的刮削方法，能消除平板表面的不平情况。

二、正研的步骤和方法

正研刮削的具体步骤见图 10-16。

1. 一次循环

以 A 为过渡基准，A 与 B 互研互刮，至贴合。再将 C 与 A 互研，单刮 C 使 C 与 A 贴合。然后 B 与 C 互研互刮，至贴合。此 B 与 C 的平直度略有改进。

2. 二次循环

在上一循环基础上按顺序以 B 为过渡基准，A 与 B 互研，单刮 A，然后 B 与 C 互研互刮到全部贴合，这样平直度又有所提高。

3. 三次循环

在上一次循环基础上按顺序以 C 为过渡基准，B 与 C 互研，单刮 B，然后 A 与 B 互研互刮至全部贴合，则 A 与 B 的平直度进一步提高。

重复上述三个顺序依次循环进行刮削，循环的次数越多则平板的平直度越高，直到三块平板中任取两块对研，显点基本一致，即在每 25mm×25mm 内达到 12 个研点左右，正研即告完成。

三、正研存在的问题

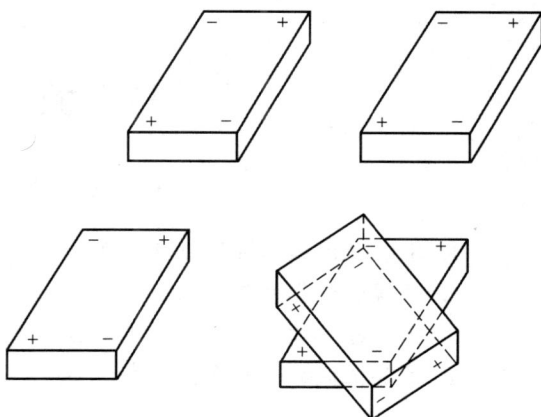

图 10-16 对角研点方法

正研是一种传统的工艺方法，其机械地按照一定顺序研配，刮后的显点虽能符合要求，但是有的显点不能反映出平面的真实情况，系假象，易给人以错觉。在正研过程中出现三块在相同位置上有扭曲现象，称同向扭曲。如果采取其中任意两块平板互研，则是高处（＋）正好和低处（－）重合，经刮削后其显点也可能分布得很好，但扭曲却依然存在，而且越刮扭曲越严重，故不能继续提高平板的精度。

机 械 加 工

教 学 目 标

1. 了解机械加工常用刀具材料；
2. 了解认识各种常用机床；
3. 了解各种常用机床的加工内容；
4. 了解机械加工的安全技术。

第一节 概 述

金属切削加工是通过机床提供的切削运动和动力，使刀具和工件产生相对运动，从而切除工件上多余的材料，以获得合格零件的加工过程。

在现代机械制造中，除少量零件采用精密铸造、精密锻造、粉末冶金等方法直接获得外，大部分零件都要经过切削加工才能获得所需要的加工精度和表面粗糙度。

金属切削加工的种类包括车、铣、刨、磨、钻、镗、拉、锯、螺纹加工、齿轮加工等。

一、金属切削机床

用切削加工的方法将金属毛坯加工成零部件的工艺设备。它的切削运动按切削过程的作用可分为主运动和进给运动。

（1）主运动是完成某一种切削所必须做的运动。例如钻孔时，钻头的旋转就是主运动。通常主运动的速度高，消耗的切削功率较大。

（2）进给运动是使切削连续进行的运动。例如车削时，车刀的移动就是进给运动。

常用机床有车床、刨床、铣床、磨床、钻床等。

二、刀具材料

刀具材料是指刀具上参与切削的那部分材料。金属切削刀具是完成切削的重要工具，其作用是从工件上切除多余的金属。它是影响生产率、加工质量和成本的主要因素。刀具的性能决定机床性能的发挥。目前，广泛应用的刀具材料有高速钢和硬质合金。随着生产率的不断提高和难加工材料的广泛应用，超硬刀具材料也不断涌现，如陶瓷、立方氮化硼、金刚石（人造）等。

1900 年以前，刀具材料主要为碳素钢，这种材料制成的刀具切削速度较低。1900 年左右，人们开始使用高速钢制作刀具，切削速度提高了六倍。

据统计，在以后的相继几十年里，每十年切削速度能提高一倍，耐用度可提高两倍。

高速钢一般允许切削速度为 $25\sim30\text{m/min}$；硬质合金允许的切削速度为 100m/min。

要提高切削加工的生产率，就需要提高切削速度和刀具耐用度，那么就要求提供切削性能更好的刀具材料，以便进一步提高切削加工生产率及加工质量。

由于切削过程中会产生切削抗力、切削热、冲击和振动，那么刀具材料具有哪些性能才能满足要求呢？

1. 刀具材料应具备的性能

（1）硬度和耐磨性。刀具材料的硬度一定要大于工件材料的硬度，一般常温硬度超过HRC60以上。高速钢在 HRC63～66 以上，硬质合金在 HRC74～81.5，人造金刚石 HV10000。

一般来说，刀具材料的硬度越高，耐磨性越好。因为均匀分布的细化碳化物数量越多，颗粒越小，耐磨性就越高。

（2）强度和韧性。在切削过程中，刀具承受很大的压力，只有抗弯强度好，切削用量才不会发生变化。粗加工余量不均，切削力发生变化，对刀具有冲击和震动，如果韧性不好，常会出现崩刃或折断。

硬度和韧性是一对不可解决的矛盾，如高速钢的韧性好，而硬质合金的硬度高，此内容会在第二节中详细讲述。

（3）耐热性。耐热性是指在高温下刀具材料保持硬度、耐磨性、强度和韧性的性能。用红硬性表示。高温下硬度越高，则红硬性越好。

碳素工具钢的红硬性为 200～250℃，高速钢不超过 650℃，硬质合金为 800～1000℃。

（4）良好的工艺性。总之，刀具应具备的性能主要就这四个方面，当然还有经济性、切削性能的可预测性等要求，这里不作讲述。

2. 常用刀具材料

目前，在切削加工中常用的刀具材料有碳素工具钢、高速钢、硬质合金、金刚石等。

（1）碳素工具钢。碳素工具钢是一种含 C 量较高的优质钢（含 C 一般为 0.65%～1.35%）。常用牌号有 T7A、T8A、…、T13A，其中 T 表示碳素工具钢，A 表示高级优质碳素工具钢。其主要性能是：淬火后硬度较高，可达 HRC61～65；红硬性为 200～250℃，价格低廉，但不耐高温，因此切削速度不能提高，允许切削速度 $v_c \leqslant 10 \text{m/min}$，只能制作低速手用刀具，如錾子、锯条、锉等。其优点是易刃磨，可获得锋利的刀刃。

（2）高速钢。高速钢是一种高合金工具钢，钢中含有 W、Mo、Cr、V 等合金元素，这些合金元素的含量较高，主要改变以往工具钢的性能。

高速钢的性能如下：

1）具有高的强度和韧性。

2）良好的耐磨性，硬度可达 HRC63～66（加入 V 元素的作用）。

3）红硬性为 600℃（加入 W 元素的作用）。

4）允许切削速度 $v_c = 25～30 \text{m/min}$。高速钢经过适当热处理，可获得良好的切削性能。用高速钢制成的刀具，在切削时显得比一般低合金工具钢刀具更加锋利，因此俗称锋钢。高速钢区别于其他一般工具钢的主要特性是它具有良好的热硬性（红硬性），当切削温度高达600℃左右时硬度仍无明显下降，能以比合金工具钢更高的切削速度进行切削，高速钢由此而得名。

5）具有良好的制造工艺性。

高速钢能锻造，易刃磨，能制造形状复杂及大型的成形刀具，如钻头、丝锥、成形刀具、拉刀、齿轮刀具、整体铣刀盘等都用高速钢。高速钢的焊接、韧性、热处理性能好。

6）可获得锋利的刀刃（锋钢之称）。

7）加工范围较大，可加工铸铁、有色金属、钢等，这里指正火状态下，淬火状态不能加工。

（3）硬质合金。指有高硬度、高熔点的碳化物，用金属黏结剂，经过高压成形，在500℃的高温下烧结而成的材料为硬质合金。

硬质合金的主要性能如下：

1）常温硬度 HRC74～81.5，红硬性为 800～1000℃，耐磨性好。

2）允许切削速度 v_c＝100m/min 以上，最高不能超过 200m/min。硬质合金刀具的切削速度比高速钢提高 4～7 倍，刀具寿命可提高 5～80 倍。有的金属材料如奥氏体耐热钢、不锈钢等用高速钢无法切削加工，若用含 WC 的硬质合金就可以切削加工，硬质合金还可加工硬度在 HRC50 左右的硬质材料。

3）脆性较大，怕冲击和振动。容易出现崩刃，因此要注意加工条件。

4）制造工艺性差。由于硬度太高，不能进行机械加工，因而硬质合金经常制成一定规格的刀片，焊在刀体上使用，如硬质合金端铣刀（非整体式）。

5）范围较广。脆性材料、钢材、有色金属等均可加工。

（4）金刚石。分为人造和天然两种，是目前已知最硬的材料，硬度约为 HV10000，故其耐磨性好；不足之处是抗弯强度和韧性差，对铁的亲和作用大，故金刚石刀具不能加工黑色金属，在 800℃时，金刚石中的碳与铁族金属发生扩散反应，刀具急剧磨损。

金刚石价格昂贵，刃磨困难，应用较少，主要用做磨具及磨料，有时用于修整砂轮。

第二节 车 削 加 工

一、概述

车削加工是在车床上利用工件相对于刀具的旋转，对工件进行切削加工的方法。在一般机械制造企业中，车床占机床总数的 20%～35%。因此，车削加工在机械加工方法中占有重要的地位。

车削是最基本、最常见的切削加工方法（见图 11-1）。车削适于加工回转表面，大部分具有回转表面的工件都可以用车削方法加工，如内外圆柱面、内外圆锥面、端面、沟槽、螺纹、回转成形面等，所用刀具主要是车刀。

车床既可用车刀对工件进行车削加工，又可用钻头、铰刀、丝锥和滚花刀进行钻孔、铰孔、攻螺纹、滚花等操作。按工艺特点、布局形式、结构特性等的不同，车床可以分为卧式车床、落地车床、立式车床、转塔车床、仿形车床等，其中大部分为卧式车床。

二、车床

1. 车床的发展

古代的车床是靠手拉或脚踏，通过绳索使工件旋转，并手持刀具而进行切削的。

1797 年，英国机械发明家莫兹利创制了用丝杠传动刀架的现代车床，并于 1800 年采用交换齿轮，可改变进给速度和被加工螺纹的螺距。1817 年，另一位英国人罗伯茨采用了四级带轮和背轮机构来改变主轴转速。为了提高机械化自动化程度，1845 年，美国的菲奇发明转塔车床。1848 年，美国又出现了回轮车床。1873 年，美国的斯潘塞制成一台单轴自动车床，不久他又制成三轴自动车床。20 世纪初，出现了由单独电机驱动的带有齿轮变速箱的车床。第一次世界大战后，由于军火、汽车和其他机械工业的需要，各种高效自动车床和

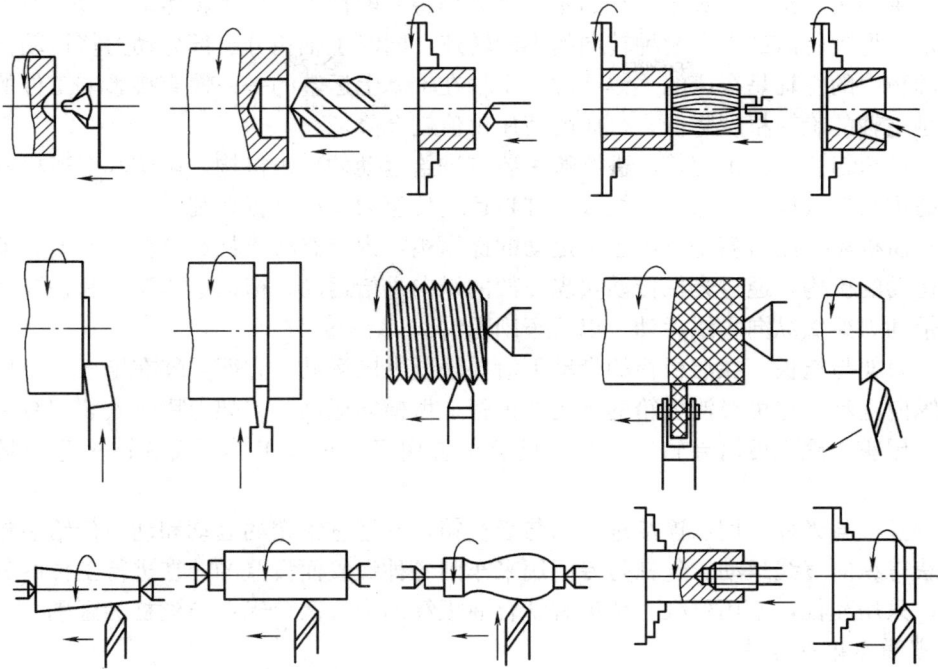

图 11-1　车削加工内容

专门化车床迅速发展。为了提高小批量工件的生产率，20 世纪 40 年代末，带液压仿形装置的车床得到推广，与此同时，多刀车床也得到发展。20 世纪 50 年代中期，发展了带穿孔卡、插销板、拨码盘等的程序控制车床。数控技术于 20 世纪 60 年代开始应用于车床，70 年代后得到迅速发展。

2. 普通车床的结构

普通车床的主要组成部件有主轴箱、进给箱、溜板箱、刀架、尾座、光杠、丝杠、床身等（见图 11-2）。

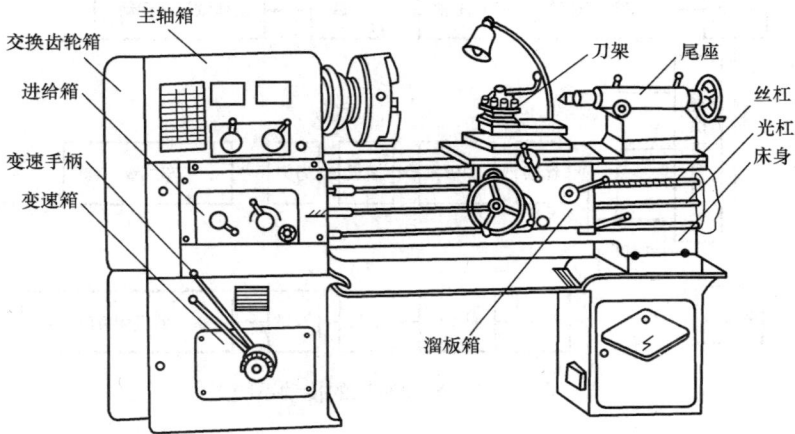

图 11-2　普通车床的构造

（1）主轴箱。又称床头箱，它的主要任务是将主电机传来的旋转运动经过一系列的变速机构使主轴得到所需的正反两种转向的不同转速，同时主轴箱分出部分动力将运动传给进给箱。主轴箱中的主轴是车床的关键零件。主轴在轴承上运转的平稳性直接影响工件的加工质量，一旦主轴的旋转精度降低，机床的使用价值就会降低。

（2）进给箱。又称走刀箱，进给箱中装有进给运动的变速机构，调整其变速机构，可得到所需的进给量或螺距，通过光杠或丝杠将运动传至刀架以进行切削。

（3）溜板箱。溜板箱是车床进给运动的操纵箱，内装有将光杠和丝杠的旋转运动变成刀架直线运动的机构，通过光杠传动实现刀架的纵向进给运动、横向进给运动和快速移动，通过丝杠带动刀架做纵向直线运动，以便车削螺纹。

（4）刀架与拖板。在溜板箱的带动下沿导轨做纵向运动。刀架安装在拖板上，可与拖板一起做纵向运动，也可经溜板箱的传动在拖板上做横向运动。刀架上用于安装刀具。

（5）尾座。尾座可沿导轨纵向移动调整位置用于支承长工件、安装钻头等刀具进行孔加工。

（6）丝杠与光杠。用以连接进给箱与溜板箱，并把进给箱的运动和动力传给溜板箱，使溜板箱获得纵向直线运动。丝杠是专门用来车削各种螺纹而设置的，在进行工件的其他表面车削时，只用光杠，不用丝杠。请读者结合溜板箱的内容区分光杠与丝杠的区别。

3. 普通车床的型号

下面以 CA6140 车床为例加以说明。

C：类别代号——车床类。

A：通用特征及结构特征代号。

6：组别代号——落地及普通车床组。

1：系列代号——普通车床系列。

40：主参数代号——加工最大的回转直径为 400mm。

4. 普通车床的传动系统

普通车床的传动系统如图 11 - 3 所示。

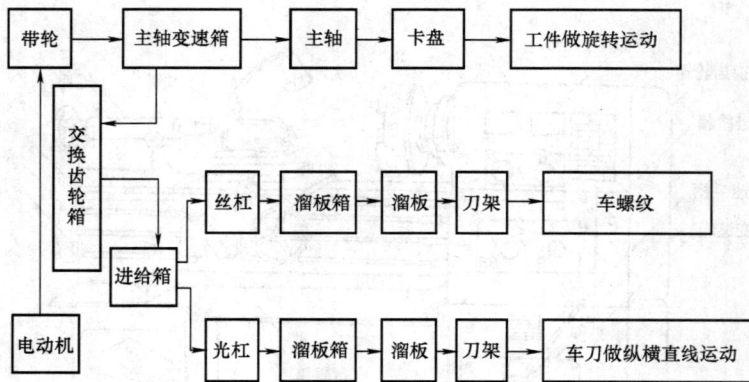

图 11 - 3　普通车床的传动系统

5. 数控车床

机床是人类进行生产劳动的重要工具，也是社会生产力发展水平的重要标志。普通机床经历了近两百年的历史。随着电子技术、计算机技术及自动化、精密机械与测量等技术的发展与综合应用，生产了机电一体化的新型机床——数控机床。数控机床一经使用就显示出了它独特的优越性和强大的生命力，使原来不能解决的许多问题都找到了科学解决的途径。数控机床是一种通过数字信息，控制机床按给定的运动轨迹，进行自动加工的机电一体化的加工装备，经过半个世纪的发展，数控机床已成为现代制造业的重要标志之一，在我国制造业中，数控机床的应用也越来越广泛，是一个企业综合实力的体现。数控车床是数字程序控制车床的简称，它集通用性好的万能型车床、加工精度高的精密型车床和加工效率高的专用型车床的特点于一身，是国内使用量最大、覆盖面最广的一种数控机床。要学好数控车床理论和操作，就必须勤学苦练，从平面几何、三角函数、机械制图、普通车床的工艺和操作等方面打好基础。因此，必须首先具有普通车工工艺学知识，然后才能从掌握人工控制转移到数字控制方面来。另一方面，若没有学好有关数学、电工学、公差与配合、机械制造等内容，要学好数控原理、程序编制等，也会感到十分困难。由于数控机床加工的特殊性，要求数控机床加工工人既是操作者又是程序员，同时具备初级技术人员的某些素质，因此，操作者必须熟悉被加工零件的各项工艺（技术）要求，如加工路线、刀具及其几何参数、切削用量、尺寸及形状位置公差。只有熟悉了各项工艺要求，并对出现的问题正确进行处理后，才能减少工作盲目性，保证整个加工工作圆满完成。

三、车削夹具的分类与用途

1. 车削夹具的分类与用途

车削夹具是用于保证被加工零件在车床上与刀具之间相对正确位置的专用工艺装备。车削夹具通常安装在车床的主轴前端部，与主轴一起旋转。由于夹具本身处于旋转状态，因而车削夹具在保证定位和夹紧的基本要求前提下，还必须有可靠的防松结构。

车削夹具包括通用夹具（如三爪卡盘、四爪卡盘、顶尖）、专用夹具和组合夹具三种。

（1）通用夹具。通用夹具的适应性强，操作也比较简单，但效率较低。一般用于单件小批生产。通用夹具一般作为机床附件供应。

（2）专用夹具。针对某一种工件某一工序的加工要求而专门设计制造的夹具，设计结构紧凑，操作迅速、方便，并能满足零件的特定形状和特定表面加工的需要。这种夹具不要求通用性，成本较高，多用于大批大量生产或必须采用专用夹具的场合。

（3）组合夹具。组合夹具既具有专用夹具的优点，又具有标准化、通用化的优点。产品变换后，夹具的组成元件可以拆开清洗入库，不会造成浪费，适用于新产品试制和多品种小批量的生产。组合夹具在大量采用数控机床、应用 CAD/CAM/CAPP 技术的现代企业机械产品生产过程中具有独特的优点和广泛的用途。

2. 工件的装夹方法

工件常用的装夹方法有三爪卡盘装夹（见图 11-4）、"一夹一顶"方法装夹［见图 11-5（a）］、"双顶法"装夹［见图 11-5（b）］等。

四、车刀

1. 常用车刀的种类

（1）按其用途分为外圆车刀（见图 11-6）、端面车刀、切断车刀、内孔车刀、螺纹车刀等。

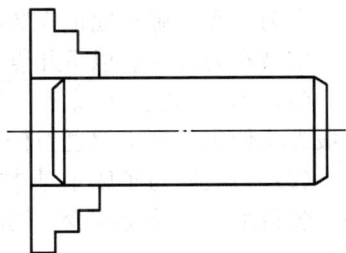

图 11-4　三爪卡盘装夹

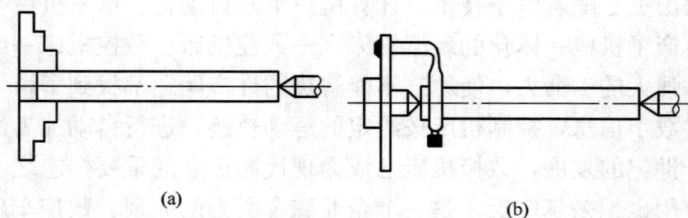

图 11-5　顶尖装夹

(a)"一夹一顶"方法装夹；(b)"双顶法"装夹

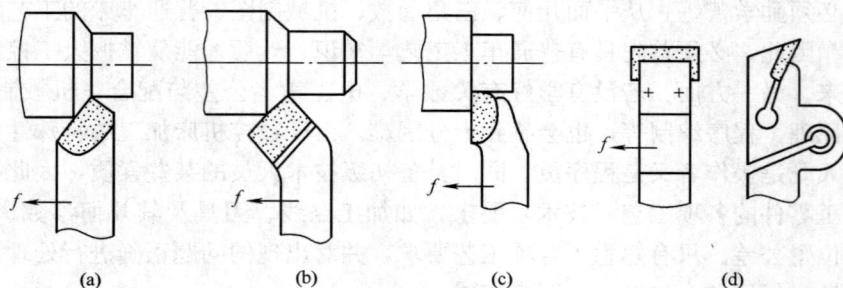

图 11-6　外圆车刀

(a) 直头外圆车刀；(b) 弯头外圆车刀；(c) 90°外圆车刀；(d) 宽刃精车外圆车刀

　　(2) 按其结构分为整体车刀 [图 11-7 (a)]、焊接车刀 [见图 11-7 (b)] 和机夹可转位车刀 [见图 11-7 (c)] 等。

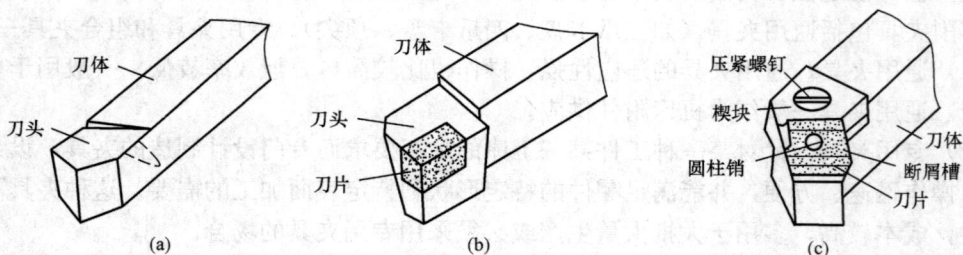

图 11-7　车刀种类

(a) 整体车刀；(b) 焊接车刀；(c) 机夹可转位车刀

2. 车刀的安装

车刀必须正确牢固地安装在刀架上，如图 11-8 所示。

安装车刀应注意以下几点。

　　(1) 刀头不宜伸出太长，否则切削时容易产生振动，影响工件加工精度和表面粗糙度。一般刀头伸出长度不超过刀杆厚度的两倍，能看见刀尖车削即可。

　　(2) 刀尖应与车床主轴中心线等高。车刀装得太高，后角减小，后刀面与工件加剧摩擦，装得太低，前角减少，切削不顺利，会使刀尖崩碎。刀尖的高低可根据尾架顶尖高低来调整。

　　(3) 车刀底面的垫片要平整，并尽可能用厚垫片，以减少垫片数量。调整好刀尖高低后，至少要用两个螺钉交替将车刀拧紧。

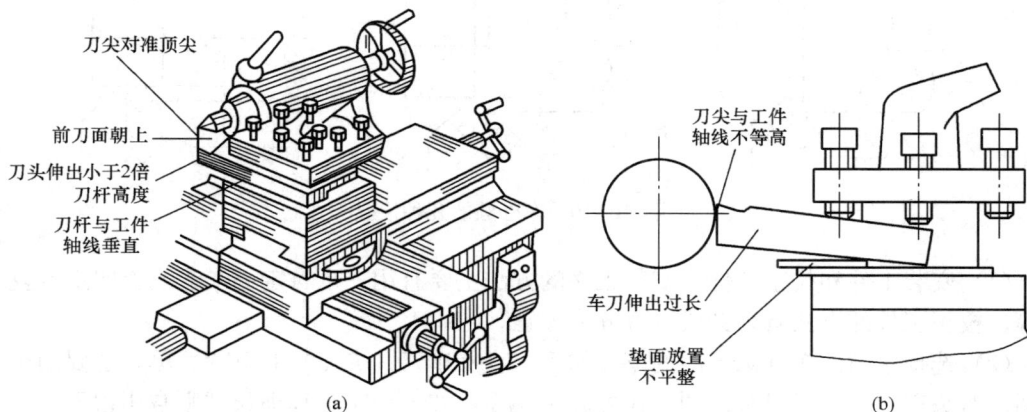

图 11-8 车刀的安装
(a) 正确；(b) 错误

五、车削实例

1. 常用端面车削时的几种情况

常用端面车削时的几种情况如图 11-9 所示。

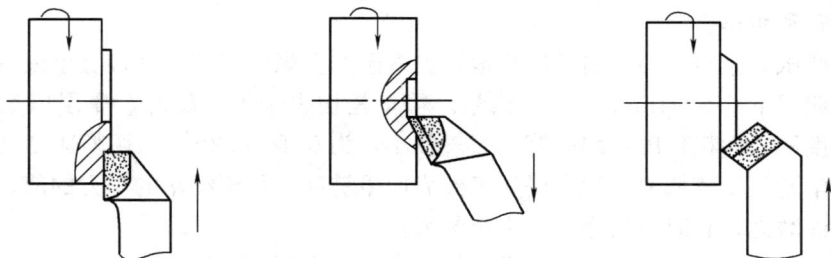

图 11-9 车端面的常用车刀

（1）车端面时的注意事项。

1）车刀的刀尖应对准工件中心，以免车出的端面中心留有凸台。

2）偏刀车端面，当背吃刀量较大时，容易扎刀。

3）车直径较大的端面，若出现凹心或凸肚时，应检查车刀、方刀架及大拖板是否锁紧。

4）为使车刀准确地横向进给，应将大溜板紧固在床身上，用小刀架调整切削深度。

5）端面质量要求较高时，最后一刀应由中心向外切削。

（2）车端面的质量分析。

1）端面不平。产生凸凹现象或端面中心留"小头"，原因是车刀刃磨或安装不正确，刀尖没有对准工件中心，吃刀深度过大，车床有间隙拖板移动造成。

2）表面粗糙度差。原因是车刀不锋利，手动走刀摇动不均匀或太快，自动走刀切削用量选择不当。

2. 常用外圆车削时的几种情况

常用外圆车削时的几种情况如图 11-10 所示。

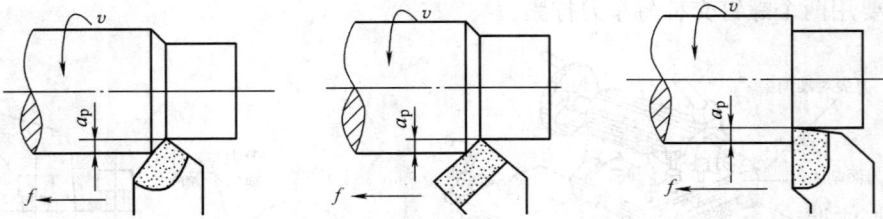

图 11-10 车外圆的几种情况

（1）安装工件和校正工件。安装工件的方法主要有用三爪自定心卡盘或者四爪卡盘、心轴等，校正工件的方法有划针或者百分表校正。

（2）选择车刀。车外圆可用的车刀如下：直头车刀（尖刀）的形状简单，主要用于粗车外圆；弯头车刀不但可以车外圆，还可以车端面，加工台阶轴和细长轴则常用偏刀。

（3）调整车床。车床的调整包括主轴转速和车刀的进给量。

（4）主轴的转速是根据切削速度计算选取的。而切削速度的选择则和工件材料、刀具材料及工件加工精度有关。用高速钢车刀车削时，$v=0.3\sim1\mathrm{m/s}$，用硬质合金刀时，$v=1\sim3\mathrm{m/s}$。车高硬度钢比车低硬度钢的转速低一些。

根据选定的切削速度计算出车床主轴的转速，再对照车床主轴转速铭牌，选取车床上最近似计算值而偏小的一档。但特别要注意的是，必须在停车状态下扳动手柄。

（5）粗车和精车。

车削前要试刀。粗车的目的是尽快地切去多余的金属层，使工件接近于最后的形状和尺寸。粗车后应留 $0.5\sim1\mathrm{mm}$ 的加工余量。精车是切去余下少量的金属层以获得零件所要求的加工精度和表面粗糙度，因此背吃刀量较小，为 $0.1\sim0.2\mathrm{mm}$，切削速度则可用较高或较低速，初学者可用较低速。为了提高工件表面粗糙度，用于精车的车刀的前、后刀面应采用油石加机油磨光，有时刀尖磨成一个小圆弧。

为了保证加工的尺寸精度，应采用试切法车削，具体步骤如下：

1）开车对刀，使车刀和工件表面轻微接触。

2）向右退出车刀。

3）按要求横向进给。

4）试切 $1\sim3\mathrm{mm}$。

5）向右退出，停车，测量。

6）调整切削深度，自动进给车外圆。

（6）车外圆时的质量分析。

1）尺寸不正确。原因是车削时粗心大意，看错尺寸；刻度盘计算错误或操作失误；测量时不仔细、不准确。

2）表面粗糙度不符合要求。原因是车刀刃磨角度不对；刀具安装不正确或刀具磨损，以及切削用量选择不当；车床各部分间隙过大而造成的。

3）外径有锥度。原因是吃刀深度过大，刀具磨损；刀具或拖板松动；用小拖板车削时转盘下基准线不对准"0"线；两顶尖车削时床尾"0"线不在轴心线上；精车时加工余量不足。

六、车削安全技术

（1）开车前，在夹紧工件后，必须随手将卡盘扳手取下，以免卡盘扳手飞出造成伤害。

（2）车刀的刀尖应与工件轴心等高，刀尖不应伸出刀架过长。

（3）在车削时，不得任意加大切削用量，以免机床过载。

（4）切削过程中需要停车时，不准用开倒车来代替刹车，并严禁用手压卡盘等，应当让其自然停下；在车螺纹要开倒车时，亦必须等主轴完全停止转动后才能变换方向。

（5）切削时勿将头部靠近工件及刀具，以免铁屑飞出，造成伤害。

（6）机床导轨上严禁放置工、刀、量具及工件等。

（7）训练结束时，应将大拖板及尾架摇到车床导轨后端，防止导轨长时间受压变形。部位加注润滑油，切断电源。

第三节 刨 削 加 工

一、概述

用刨刀在刨床上刨去工件上多余的部分，使工件符合图纸上所要求的尺寸、形状和表面粗糙度，这项操作称为刨削。

按照刨削时刀具与工件相对运动的方向不同，刨削可分为水平刨削和垂直刨削两种。水平刨削称为刨削，垂直刨削称为插削。

1. 刨削加工的特点

（1）加工成本低。因为刨床结构简单，调整操作方便，刨刀的制造和刃磨容易，价格低廉，所以，其加工成本明显低于同类机床。

（2）切削是断续的，每个往复行程中刨刀切入工件时，受较大的冲击力，刀具容易磨损，加工质量较低。

（3）换向瞬间运动反向惯性大，致使刨削速度不能太快。但由于刨削速度低且有一定的空行程，产生的切削热不高，故一般不需要加入切削液。

（4）返回行程刨刀一般不切削，造成空程时间损失，致使生产效率较低。

（5）刨削加工精度达 IT10～IT7 级，表面粗糙度可达 $Ra6.3～1.6\mu m$。

2. 刨削加工的范围

刨床结构简单、操作方便、通用性强，适用于多品种、单件小批量生产，主要用来加工水平面、垂直面、斜面、台阶、燕尾槽、直角沟槽、V 形槽等。如果配上辅助装置，还可以加工曲面、齿轮、齿条等工件，如图 11-11 所示。刨削类机床有牛头刨床、龙门刨床和插床。

牛头刨床刨削工件时，刨刀的直线往复运动为主运动，刨刀回程时工作台（工件）做横向水平或垂直移动为进给运动。

刨削时刨刀切入和切出会产生冲击和振动，限制了切削速度的提高（一般为 17～50m/min）且回程不切削，增加了辅助时间，故刨削的生产率较低。但在龙门刨床上刨削窄长工件表面时生产率则较高。

牛头刨床结构简单，调整方便，操作灵活，刨刀简单，刃磨和安装方便。因此刨削的通用性良好，牛头刨床在单件生产及修配工件中得到了广泛的应用。

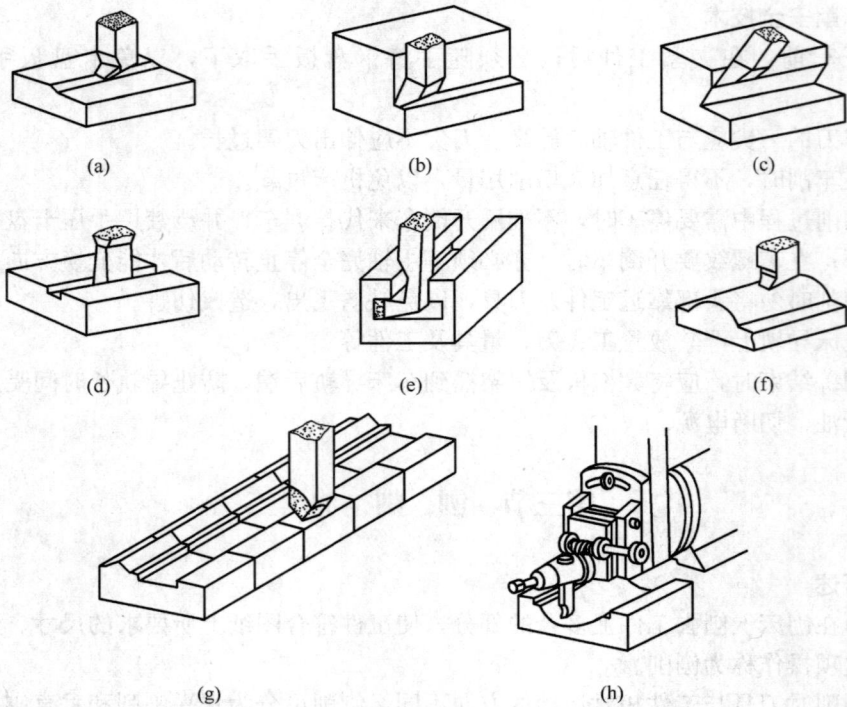

图 11-11 刨床加工范围

(a) 刨平面；(b) 刨垂直面；(c) 刨斜面；(d) 刨直沟槽；

(e) 刨 T 形槽；(f) 刨外曲面；(g) 组合刨削；(h) 刨内曲面

二、刨削类机床

1. 牛头刨床

（1）牛头刨床的组成及其功能。牛头刨床主要由滑枕、摇臂机构、工作台和进给机构、变速机构、刀架、床身、底座等部分组成，如图 11-12 所示。

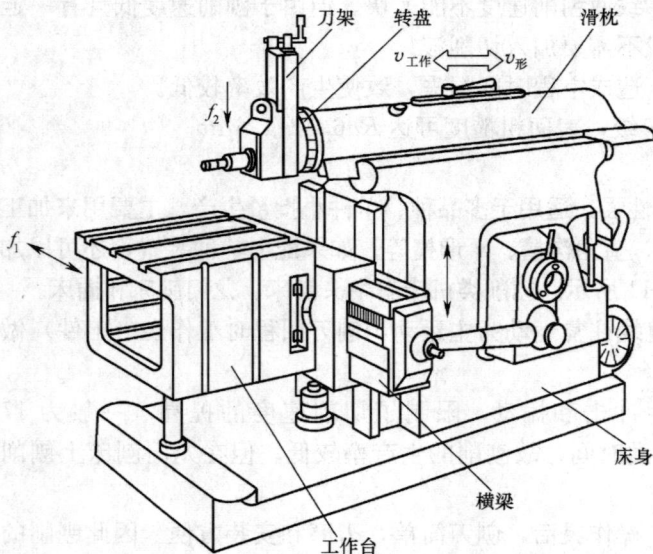

图 11-12　B6065 牛头刨床外观图

1）滑枕和摇臂机构。摇臂机构是牛头刨床的主运动机构，可以把电动机的旋转运动转换为滑枕的直线往复运动，以带动刨刀进行刨削。齿轮带动摇臂齿轮转动，固定在摇臂齿轮上的滑块可在摇臂的槽内滑动并使摇臂绕下支点前后摆动，于是带动滑枕做直线往复运动。

2）工作台及进给机构。工作台安装在横梁的水平导轨上由进给机构（棘轮机构）传动，使其在水平方向自动间歇进给。进给机构中，齿轮与摇臂齿轮同轴旋转，带动齿轮转动，使一端固定于偏心槽内的连杆摆动拨爪，同时拨动棘轮，使同轴丝杆转动，实现工作台的横向进给。

3) 床身。床身的作用是支承刨床各部件，其顶面是燕尾形水平导轨供滑枕做往复直线运动用；前面垂直导轨供横梁连同工作台一起做升降运动用，床身内部装有传动机构。

4) 刀架是用来装夹刨刀，并使刨刀沿垂直方向或倾斜方向移动，以控制切削深度。它由刻度转盘、溜板、刀座、抬刀板、刀夹等组成。转动手柄可以使刨刀沿转盘上的导轨做上下移动，用以调节切削深度或做垂直进给。松开刀座上的螺母可以使刀座在溜板上做±15°的转动；若松开转盘与滑枕之间的固定螺母，可以使转盘做±60°的转动，用以加工侧面或斜面。抬刀板可绕刀座上的轴向上抬起，避免刨刀回程时与工件摩擦。

(2) 牛头刨床的调整。

1) 主运动的调整。刨削时的主运动应根据工件的尺寸大小和加工要求进行调整。

a. 滑枕行程长度的调整。

调整要求：滑枕行程长度应略大于工件加工表面的刨削长度。

调整方法：松开行程长度调节手柄的滚花螺母，用曲柄摇手转动手柄，通过锥齿轮，转动小丝杆，使偏心滑块移动，曲柄销带动滑块改变其在摇臂齿轮端面上的偏心位置，从而改变滑枕的行程长度。

b. 滑枕起始位置调整。

调整要求：滑枕起始位置应和工作台上工件的装夹位置相适应。

调整方法：松开锁紧手柄，再用曲柄摇手转动调节滑枕位置手柄，通过锥齿轮转动丝杆，改变螺母在丝杆上的位置，从而改变滑枕的起始位置。

c. 滑枕行程速度的调整。

调整要求：滑枕行程速度应按刨削加工要求调整。

调整方法：转换变速手柄的标示位置，即可改变变速机构中两组滑动齿轮的啮合关系，从而改变轴的转速，使滑枕行程速度相应变换，满足不同刨削要求。

2) 进给运动的调整。刨削时，应根据工件的加工要求调整工作台横向进给量和进给方向。

a. 横向进给量的调整。进给量是指滑枕往复一次时，工作台的水平移动量。进给量的大小取决于滑枕往复一次时棘轮爪能拨动的棘轮齿数。调整棘轮护盖的位置，可改变棘爪拨过的棘轮齿数，即可改变横向进给量的大小。

b. 横向进给方向变换。进给方向即工作台水平移动方向，扳动进给运动换向手柄使棘轮爪转动180°，棘爪的斜面反向，棘爪拨动棘轮的方向相反，故工作台移动换向。

2. 龙门刨床

龙门刨床的主运动是工作台（工件）的直线往复运动，进给运动是刀架（刀具）的移动。

龙门刨床上有四个刀架，两个垂直刀架可在横梁上做横向进给运动，以刨削水平面。两个侧刀架可沿立柱做垂直进给运动，以刨削垂直面。各个刀架均可扳转一定的角度以刨削斜面。横梁可沿立柱导轨升降，以适应不同高度工件的刨削工作。

龙门刨床的刚度好、功率大，适用于加工大型零件上的窄长表面或多件同时刨削，故也用于批量生产。

3. 插床

插床实际上是一种立式牛头刨床,其滑枕在垂直方向上做直线往复运动,为主运动。工作台则可沿纵向、横向或圆周做间歇进给运动。

插床主要用于单件、小批生产中加工零件的内表面,如多边形孔、孔内键槽等。

三、刨刀及其安装

1. 刨刀的结构特点

刨刀的几何参数与车刀相似,但刀杆的横截面比车刀大,切削时可承受较大的冲击力。为增加刀尖强度,一般应将刨刀的刀尖磨成小圆弧并选刃倾角为负值。

按加工用途不同,常用刨刀有直头刨刀和弯头刨刀两种(见图 11-13)。直头刨刀受力弯曲变形时会扎入工件表面,损坏已加工表面和刀尖;弯头刨刀在受到较大的切削力时,刀杆弯曲变形可退离工件,刀尖不会扎入工件表面。

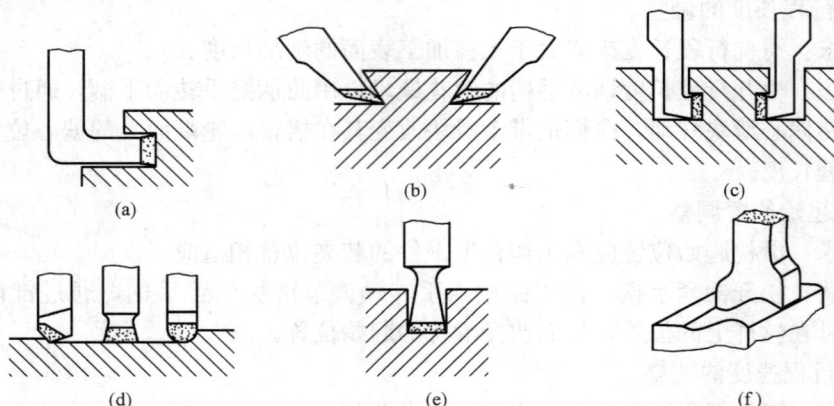

图 11-13 常用刨刀
(a)弯头刨刀;(b)左、右偏刀;(c)左、右弯刀;(d)平面刨刀;(e)切刀;(f)成形刨刀

2. 刨刀的选择与安装

刨刀的选择,一般根据工件的材料和加工要求来确定。加工铸铁工件时,通常采用钨钴类硬质合金刀头;加工钢制工件时,一般采用高速工具钢弯头刀。

刨刀的正确安装与否直接影响工件加工质量,将选择好的刨刀插入夹刀座的方孔内并用紧固螺钉压紧。并注意以下事项:

(1)刨平面时刀架和刀座都应在中间垂直的位置上。

(2)刨刀在刀架上不能伸出太长,以免加工时发生振动或折断。直头刨刀伸出的长度(超出刀座下端的长度)一般不宜超过刀杆厚度的 1.5~2 倍。弯头刨刀一般稍长于弯头部分。

(3)装刀和卸刀时,用一只手扶住刨刀,另一只手从上向下或倾斜向下扳动刀夹螺栓,夹紧或松开刨刀。

四、工件的装夹

刨床上常用的装夹工具有压板、压紧螺栓、平行垫铁、斜垫铁、支撑板、挡铁、阶台垫铁、V 形架、螺丝撑、千斤顶、平口钳等。尺寸较小、形状简单的工件可装夹在平口钳上,如图 11-14 所示;尺寸较大、形状复杂的工件可直接装夹在工作台上,如图 11-15 所示。

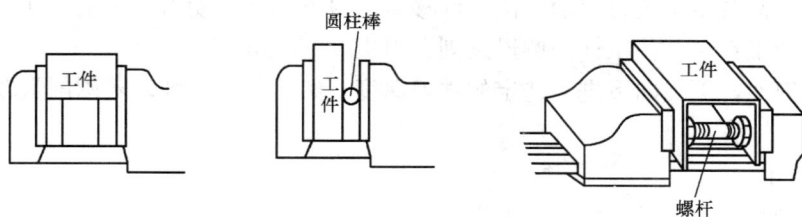

图 11-14 用平口钳装夹工件

1. 用平口钳装夹工件

装夹时，工件的被加工面要高出钳口，并须找正工件的装夹位置。

2. 用压板—螺栓装夹工件

对于尺寸较大或形状特殊的工件，常采用压板—螺栓和垫铁，把工件直接固定在工作台上进行刨削。

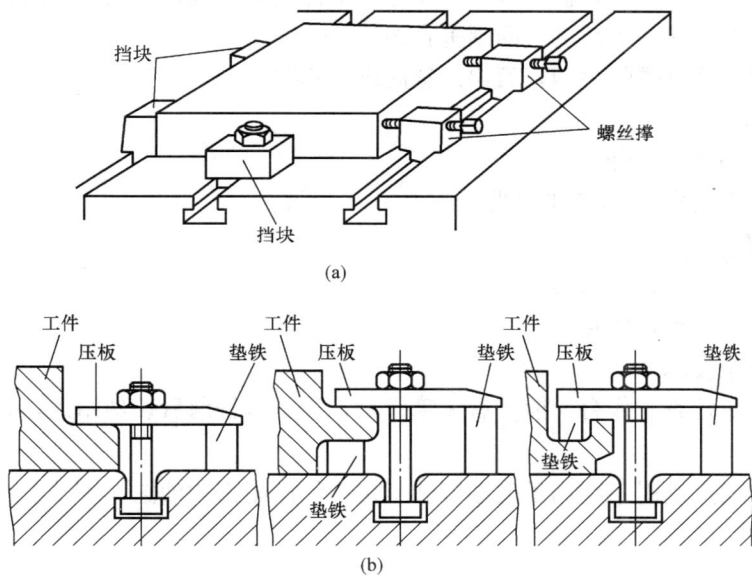

(a)

(b)

图 11-15 用螺丝撑、挡板、压板等在工作台上装夹工件
(a) 用螺丝撑和挡块夹紧；(b) 用压板夹紧

五、刨削实例

1. 刨水平面

水平面的刨削步骤如下：

(1) 正确安装工件和刨刀后，调整工作台高度至合适位置，再调整滑枕行程长度、行程速度和起始位置。

(2) 选择合适的切削用量，一般背吃刀量 $a_p = 0.2 \sim 2$mm，进给量 $f = 0.33 \sim 0.66$mm/双行程，切削速度 $v = 17 \sim 50$m/min。粗刨时，a_p 和 f 取大值；精刨时，a_p 和 f 取小值，v 取大值。

(3) 开动机床移动滑枕，使刨刀接近工件后停车。

（4）转动工作台横向走刀手柄，使工件移至刨刀下面，摇动刀架手柄，使刀尖接触工件表面。然后移动工作台，使工件一侧退离刨刀刀尖 3～5mm。

（5）摇动刀架，刨刀向下进至选定的吃刀深度，然后开机刨削。若刨削量较大，可分几次走刀完成。

2. 刨垂直面

偏转刀座刨垂直面，其刨削步骤如下：

（1）将刀架转盘刻度线对准零线，以保证垂直进给方向与工作台台面垂直。

（2）转动刀座下端使其偏转一个角度（约 $10°～15°$），刨刀在回程时能抬离已加工表面，防止在已加工表面留下拖刀痕迹。

（3）摇动刀架垂直进给手柄，使刀架作垂直进给刨削。

3. 刨斜面

倾斜刀架刨斜面，其刨削步骤如下：

（1）扳转刀架，使刀架转盘转过的角度等于工件斜面与垂直面间的夹角。

（2）刀座下端偏转一个角度（同刨垂直面）。

（3）摇动刀架垂直进给手柄，刀架沿斜向进给刨削。

4. 刨 T 形槽

刨削 T 形槽的顺序如下：

（1）在工件上划出 T 形槽加工线。

（2）用切槽刀刨直槽。

（3）用弯切刀刨左、右凹槽。

（4）用角度刀对槽口倒角。

六、刨削安全技术

（1）开车前应检查工作台面前后有无障碍物，滑枕行程前后切勿站人，并随手取下行程调整手柄。

（2）滑枕来回运动时不准用手摸刨刀和工件及刨床尾部的油缸；不准在刨刀的正面迎头观看刨削过程。

（3）刨刀须牢固夹持于刀架上，刨刀伸出部分不能太长，吃刀不可太深。

（4）刨床开动后，不可调节变速，如要调节必须停车后进行。

（5）在刨削前要试探刨刀行程大小是否合适，并加以调整，但绝不准在开车时调整。

（6）零件刨削后，应去毛刺、整边或倒钝。

第四节　铣　削　加　工

一、概述

用旋转的多刃刀具（铣刀）加工工件的操作称为铣削加工。

铣削加工时，铣刀的旋转是主运动，铣刀或工件沿坐标方向的直线运动或回转运动是进给运动。不同坐标方向运动的配合联动和不同形状刀具相配合，可以实现不同类型表面的加工。机械加工中，铣削加工是除了车削加工之外用得较多的一种加工方法。

1. 铣削加工的应用与特点

铣削加工是应用相切法成形原理，用多刃回转体刀具在铣床上对平面、台阶面、沟槽、成形表面、型腔表面、螺旋表面进行加工的一种切削加工方法，如图 11-16 所示。

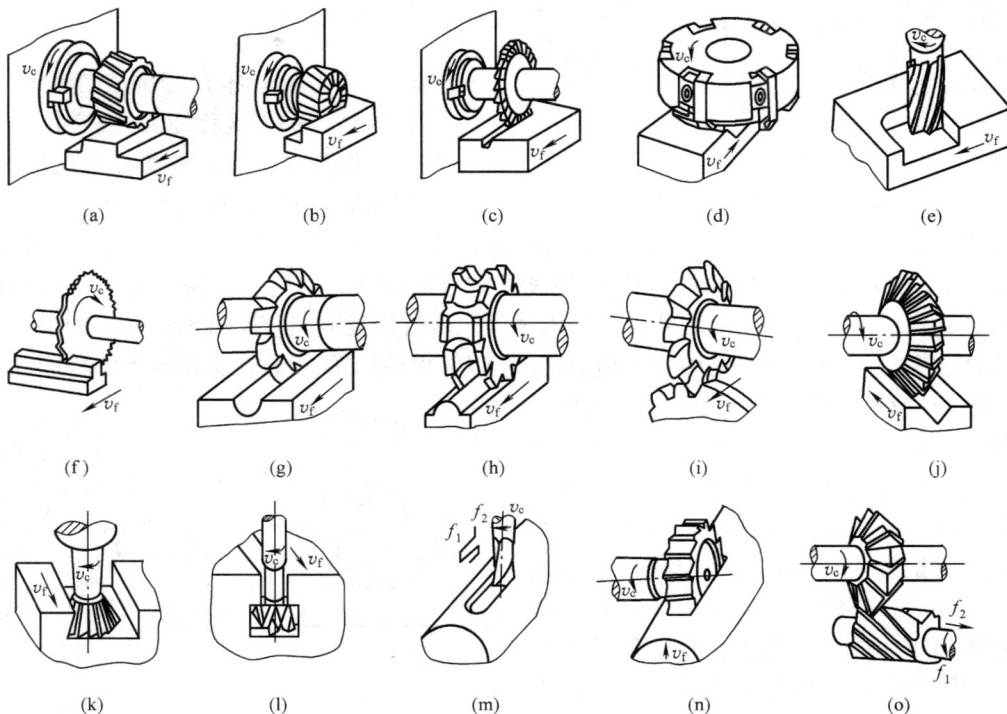

图 11-16 铣削加工的应用范围

（a）圆柱铣刀铣平面；（b）套式铣刀铣台阶面；（c）三面刃铣刀铣直角槽；（d）端铣刀铣平面；
（e）立铣刀铣凹平面；（f）锯片铣刀切断；（g）凸半圆铣刀铣凹圆弧面；（h）凹半圆铣刀铣凸圆弧面；
（i）齿轮铣刀铣齿轮；（j）角度铣刀铣 V 形槽；（k）燕尾槽铣刀铣燕尾槽；（l）T 形槽铣刀铣 T 形槽；
（m）键槽铣刀铣键槽；（n）半圆键槽铣刀铣半圆键槽；（o）角度铣刀铣螺旋槽

2. 铣削加工的主要特点

（1）铣刀是多齿刀具，铣削过程中多个刀齿同时参加切削，无空行程。硬质合金铣刀可以实现高速切削，所以通常情况下生产率高于刨削。

（2）铣削加工范围很广。可加工刨削无法加工或难加工的表面。例如，可铣削周围封闭的内凹平面、圆弧形沟槽、具有分度要求的小平面或沟槽等。

（3）铣削力变动较大，易产生振动，切削不平稳。

（4）铣床、铣刀比刨床、刨刀结构复杂，且铣刀的制造与刃磨比刨刀困难，所以铣削成本比刨削高。

（5）铣削与刨削的加工质量大致相当，经粗、精加工后都可达到中等精度。但在加工大平面时，刨削后无明显的接刀痕，而用直径小于工件宽度的端铣刀铣削时，各次走刀间有明显的接刀痕，影响表面质量。

铣削的加工精度一般为 IT9～IT8，表面粗糙度值为 $Ra6.3～1.6\mu m$。

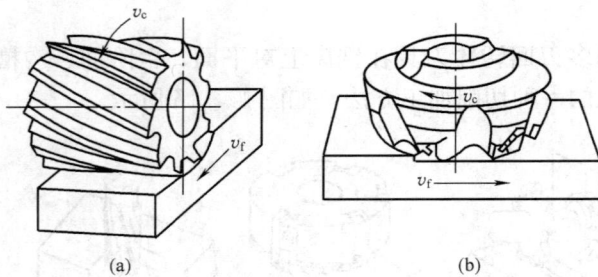

图 11-17 铣削方式
(a) 圆周铣削；(b) 端面铣削

二、铣削方式

铣削一般分圆周铣削〔见图 11-17（a）〕和端面铣削〔见图 11-17（b）〕两种方式。

1. 圆周铣削

用刀齿分布在圆周表面的铣刀而进行铣削的方式称为圆周铣削。

圆周铣削有逆铣法和顺铣法之分。顺铣时，则铣刀的旋转方向与工件的进给方向相同，如图 11-18（a）所示；逆铣时，铣刀的旋转方向与工件的进给方向相反，如图 11-18（b）所示。逆铣时，切屑的厚度从零开始渐增。实际上，铣刀的刀刃开始接触工件后，将在表面滑行一段距离才真正切入金属。这就使得刀刃容易磨损，并增加加工表面的粗糙度。逆铣时，铣刀对工件有上抬的切削分力，影响工件安装在工作台上的稳固性。

顺铣则没有上述缺点。但是，顺铣时工件的进给会受工作台传动丝杠与螺母之间间隙的影响。因为铣削的水平分力与工件的进给方向相同，铣削力忽大忽小，就会使工作台窜动和进给量不均匀，甚至引起打刀或损坏机床。因此，必须在纵向进给丝杠处有消除间隙的装置才能采用顺铣。但一般铣床上是没有消除丝杠螺母间隙的装置，只能采用逆铣法。另外，对铸锻件表面的粗加工，顺铣因刀齿首先接触黑皮，将加剧刀具的磨损，此时，也是以逆铣为妥。

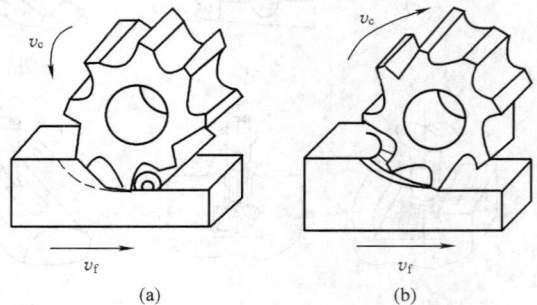

图 11-18 顺铣和逆铣
（a）顺铣；（b）逆铣

2. 端面铣削

用刀齿分布在圆柱端面上的铣刀而进行铣削的方式称为端面铣削。

端面铣削与圆周铣削相比，端铣铣平面较为有利，主要原因如下所述。

（1）端铣刀的副切削刃对已加工表面有修光作用，能使粗糙度降低。周铣的工件表面则有波纹状残留面积。

（2）同时参加切削的端铣刀齿数较多，切削力的变化程度较小，因此工作时振动比周铣小。

（3）端铣刀的主切削刃刚接触工件时，切屑厚度不等于零，使刀刃不易磨损。

（4）端铣刀的刀杆伸出较短，刚性好，刀杆不易变形，可用较大的切削用量。由此可见，端铣法的加工质量较好、生产率较高。所以，铣削平面大多采用端铣。但是周铣对加工各种形面的适应性较广，而有些形面（如成形面等）则不能用端铣。

三、铣床

铣床种类很多，其中常用的有卧式铣床、立式铣床、万能工具铣床和龙门铣床。

1. 卧式铣床

卧式铣床分为平铣床和万能卧式铣床（见图 11-19），它们的共同特点是主轴都是水平的。万能卧式铣床与平铣床的主要区别是，它的工作台能在水平面内做±45°范围内的旋转调整，以便铣削螺旋槽类工作，而平铣床的工作台不能做旋转调整。

2. 立式铣床

立式铣床又称为立式升降台铣床（见图11-20），其主轴是垂直的，其他与卧式升降台式铣床相同。

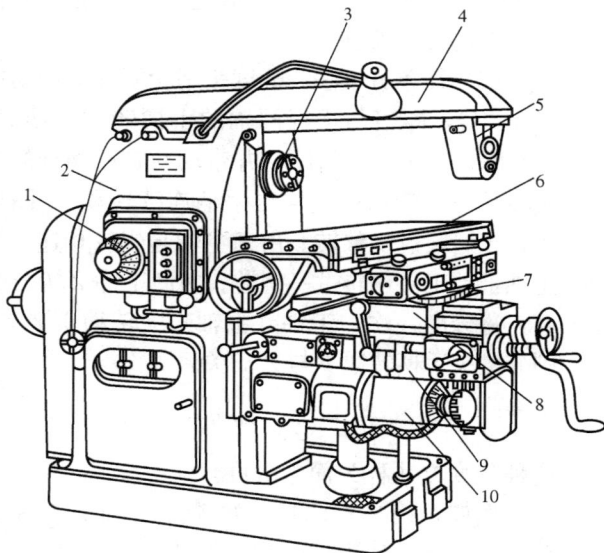

图 11-19　X62W 型铣床
1—主轴变速机构；2—床身；3—主轴；4—横梁；5—刀杆支承；
6—工作台；7—回转盘；8—横滑板；9—升降台；10—进给变速机构

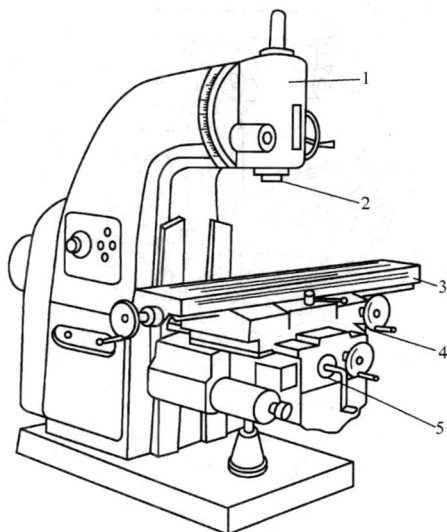

图 11-20　立式升降台铣床
1—立铣头；2—主轴；3—工作台；
4—床鞍；5—升降台

3. 万能工具铣床

万能工具铣床（见图11-21）应用较多，在工模具制造车间需要加工具有各种角度的表面及一些比较复杂的型面。万能工具铣床有两个主轴，垂直方向的主轴用以完成立铣工作，水平方向的主轴用以完成卧铣工作。当安装上万向工作台后，工作台还能在三个相互垂直的平面内旋转一定的角度。

4. 龙门铣床

龙门铣床（见图11-22）在龙门式的框架两侧各有垂直导轨，其上安装有横梁及两个侧铣头；在横梁上又安装有两个铣头。这样，铣床上有四个独立的主轴，都可以安装一把刀具。加工时，工作台带动工件做纵向移动，几把刀具同时对几个表面进行粗铣或半精铣，生产效率较高。

四、常用铣床附件及其应用

常用铣床附件有万能分度头、万能铣头、平口钳、回转工作台。

1. 分度头

（1）分度头的组成及作用。分度头是一种分度的装置（见图11-23）。它由底座、转动体、分度盘、主轴、自定心三爪卡盘、顶尖等组成。主轴装在转动体内，并可随转动体在垂

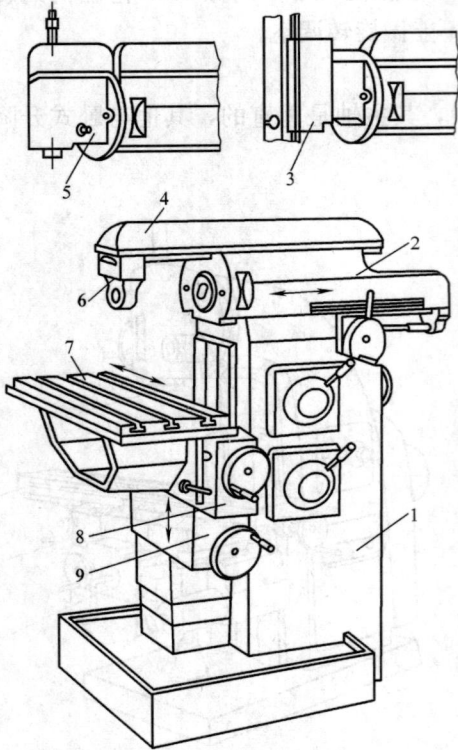

图 11-21 X8126 型万能工具铣床

1—床身；2—水平主轴头架；3—插头附件；4—悬梁；
5—立铣头；6—支架；7—水平角度工作台；
8—工作台；9—升降台

直平面内扳动成水平、垂直或倾斜位置。例如在铣六方、齿轮、花键等工作时，要求工件铣完一个面或一条槽之后转过一个角度，再铣下一个面或一条槽，这种使工作转过一定角度的工作即称分度。分度时摇动手柄，通过蜗杆、蜗轮带动分度头主轴，再通过主轴带动安装在主轴上的工件旋转。

（2）简单分度法。分度头蜗轮蜗杆的传动比为 1：40，即当与蜗杆同轴的手柄转过一圈时，单头蜗杆前进一个齿距，并带动与它相啮合的蜗轮转动一个轮齿；这样当手柄连续转动 40 圈后蜗轮正好转过一整转。由于主轴与蜗轮相连，故主轴带动工件也转过一整转。如使工件 Z 等分分度，每分度一次，工件（主轴）应转动 $1/Z$ 转，则分度头手柄转数 n 与 Z 的关系为

$$n \times \frac{1}{40} = \frac{1}{Z}, \quad 即 \ n = 40/Z$$

这种分度方法称为简单分度。

例如，铣一六面体，每铣完一面后工件应转过 $1/6$ 转，按上述公式手柄转动转数应为

$$n = \frac{40}{6} = 6\frac{4}{6}$$

即手柄要转动 6 整圈再加上 2/3 圈，此处的 2/3 圈一般是通过分度盘来控制的。

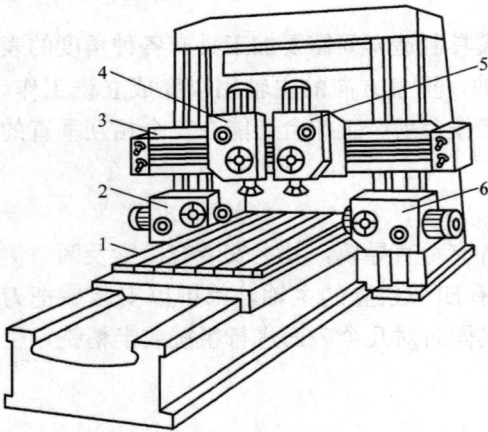

图 11-22 龙门铣床

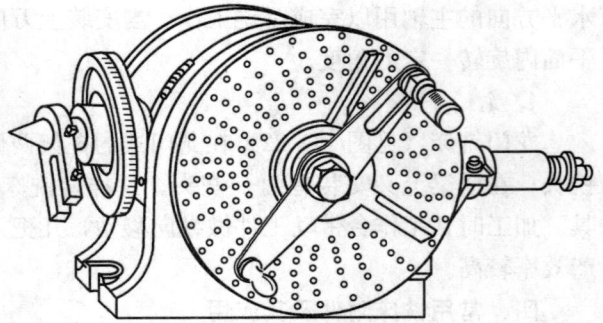

图 11-23 分度头

分度头一般备有两块分度盘，分度盘两面上有许多数目不同的等分孔，它们的孔距相等，只要在上面找到 3 的倍数孔，如 30、33、36、…，任选一个即可进行 2/3 圈的分度。

当然，这是最普通的分度法，此外尚有直接分度法、差动分度法、角度分度法等。

2. 万能铣头

万能铣头是一种扩大卧式铣床加工范围的附件，利用它可以在卧式铣床上进行立铣工作。使用时卸下卧式铣床横梁、刀杆，安装上万能铣头，根据加工需要，其主轴在空间可以转至任意方向。

3. 平口钳

平口钳适宜装夹小型的六面体零件，也可以装夹轴类零件铣键槽等。

4. 回转工作台

回转工作台又称圆形工作台，内部为蜗轮蜗杆传动，转台安装在蜗轮上。转动装在蜗杆上的手轮时，转台带动工件作缓慢的圆周进给。它一般用于较大零件的分度工作和非整周圆弧的铣削加工。

五、铣刀

铣刀为多齿回转刀具，其每一个刀齿都相当于一把车刀固定在铣刀的回转面上。铣削时同时参加切削的切削刃较长，且无空行程，v_c 也较高，所以生产率较高。铣刀种类很多，结构不一，应用范围很广，按其用途可分为加工平面用铣刀、加工沟槽用铣刀、加工成形面用铣刀三大类。通用规格的铣刀已标准化，一般均由专业工具厂生产。现介绍几种常用铣刀的特点及其适用范围。

1. 圆柱铣刀

圆柱铣刀（见图 11-24）一般都是用高速钢制成整体的，螺旋形切削刃分布在圆柱表面上，没有副切削刃，螺旋形的刀齿切削时是逐渐切入和脱离工件的，所以切削过程较平稳。它主要用于卧式铣床上加工宽度小于铣刀长度的狭长平面。

根据加工要求不同，圆柱铣刀有粗齿、细齿之分，粗齿的容屑槽大，用于粗加工，细齿用于精加工。铣刀外径较大时，常制成镶齿的。

2. 面铣刀

面铣刀（见图 11-25）主切削刃分布在圆柱或圆锥表面上，端面切削刃为副切削刃，铣刀的轴线垂直于被加工表面。按刀齿材料可分为高速钢和硬质合金两大类，多制成套式镶齿结构，刀体材料为 40Cr。

高速钢面铣刀按国家标准规定，直径 $d = 80 \sim 250mm$，螺旋角 $\beta = 10°$，刀齿数 $Z = 10 \sim 26$。

硬质合金面铣刀与高速钢铣刀相比，铣削速度较高，加工表面质量也较好，并可加工带有硬皮和淬硬层的工件，故得到广泛应用。硬质合金面铣刀按刀片和刀齿的安装方式不同，可分为整体式、机夹-焊接式和可转位式三种。

面铣刀主要用在立式铣床或卧式铣床上加工台阶面和平面，特别适合较大平面的加工，主偏角为 90° 的面铣刀可铣底部较宽的台阶面。用面铣刀加工平面，同时参加切削的刀齿较多，又有副切削刃的修光作用，使加工表面粗糙度值小，因此可以用较大的切削用量，生

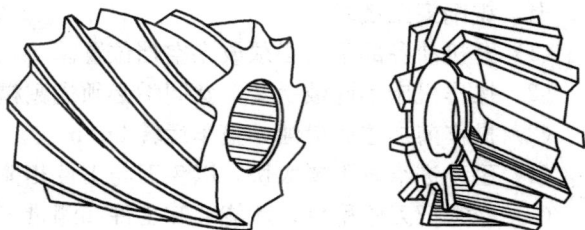
图 11-24 圆柱铣刀

产率较高，应用广泛。

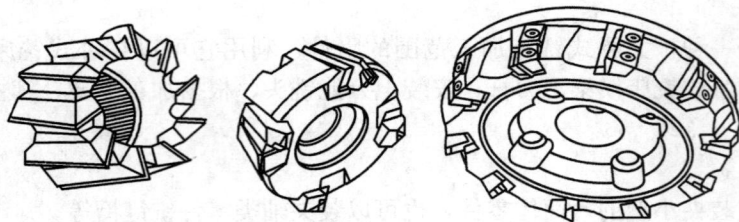

图 11-25　面铣刀

3. 立铣刀

立铣刀是数控铣削中最常用的一种铣刀（见图 11-26），圆柱面上的切削刃是主切削刃，端面上分布着副切削刃，主切削刃一般为螺旋齿，这样可以增加切削平稳性，提高加工精度。由于普通立铣刀端面中心处无切削刃，所以立铣刀工作时不能做轴向进给，端面刃主要用来加工与侧面相垂直的底平面。

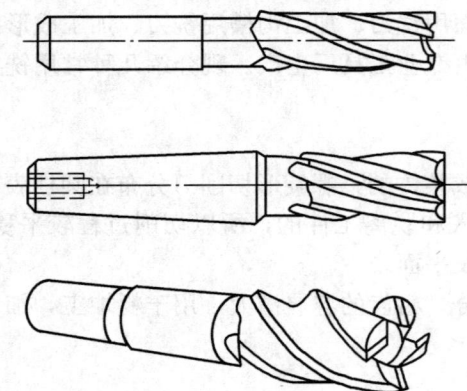

图 11-26　立铣刀

为了改善切屑卷曲情况，增大容屑空间，防止切屑堵塞，刀齿数比较少，容屑槽圆弧半径则较大。一般粗齿立铣刀齿数 $Z=3\sim4$，细齿立铣刀齿数 $Z=5\sim8$，套式结构 $Z=10\sim20$，容屑槽圆弧半径 $r=2\sim5$mm。当立铣刀直径较大时，还可制成不等齿距结构，以增强抗振作用，使切削过程平稳。立铣刀主要用于加工凹槽、台阶面以及利用靠模加工成形面。另外，还有粗齿大螺旋角立铣刀、玉米铣刀、硬质合金波形刃立铣刀等，它们的直径较大，可以采用大的进给量，生产率很高。

六、铣削实例

（1）铣平面。在铣床上铣削平面时采用带孔铣刀进行铣削，称为周铣；用带柄铣刀上的端面刃进行铣削，称为端铣。周铣时，铣刀轴线与加工平面平行；端铣时，铣刀轴线与加工平面垂直。

（2）铣沟槽。在铣床上可以铣直角槽、键槽、T 形槽、燕尾槽等。

（3）铣齿轮。铣齿轮属于成形法加工，采用与被切齿轮的齿槽形状相似的成形铣刀在铣床上利用分度头逐槽加工而成。

七、铣削安全技术

（1）开机前各部手柄必须放在空挡位置。

（2）操作机床不许戴手套，女同学必须配戴帽子。

（3）操作前加注润滑油，空车运转 3min。

（4）手动进给时不要太快，以免刀与工件相撞，装夹工件时要远离铣刀。

（5）必须把刀停稳后，才能装卸工件和测量工件。

（6）加工时必须按操作规程进行。

（7）加工时严禁用毛刷清理工件上、平口钳上的铁屑。

（8）工作完毕，清理机床上的铁屑和工作场地的卫生。

第五节 磨 削 加 工

一、概述

在磨床上利用砂轮作为切削刀具，对工件表面进行切削加工的过程称为磨削，它是工件精加工的常用方法之一。

磨削时，砂轮的旋转运动为主运动，进给运动随采用不同磨床、不同加工方法而改变，切削用量也是如此。

1. 磨削加工的范围

磨削加工范围很广，不同类型的磨床可加工不同的形面。它通常可精加工各种平面、内外圆柱面（外圆、内孔等）、内外圆锥面、沟槽、成形面（螺纹、齿形等）以及刃磨各种刀具和工具；此外，还可用于毛坯的预加工、清理等粗加工。

2. 磨削加工的特点

磨削加工是借助磨具的切削作用，除去工件表面的多余层，使工件表面质量达到预定要求的加工方法。进行磨削加工的机床称为磨床。磨削加工应用范围很广，通常作为零件（特别是淬硬零件）精加工工序，可以获得很高的加工精度和表面质量。

从安全角度来看，磨削加工具有以下特点。

（1）磨具的运转速度高。普通磨削可达 $30\sim50\text{m/s}$，高速磨削可达 $45\sim60\text{m/s}$ 甚至更高，其速度还有日益提高的趋势。

（2）磨具的非均质结构。磨具是由磨料、结合剂和气孔三要素组成的复合结构，其结构强度大大低于由单一均匀材质组成的一般金属切削刀具。

（3）磨削的高热现象。磨具的高速运动、磨削加工的多刃性和微量切削都会产生大量的磨削热，不仅可能烧伤工件表面，而且高温时磨具本身还会发生物理、化学变化，产生热反应力，降低磨具的强度。

（4）磨具的自砺现象。在磨削力的作用下，磨钝的磨粒自身脆裂或脱落的现象，称为磨具的自砺性。磨削过程中的磨具自砺作用及修正磨具的作业，都会产生大量磨削粉尘。

3. 磨削加工的优点

（1）加工质量高。在正常生产条件下，磨削加工的尺寸精度一般为 IT6～IT5，表面粗糙度为 $Ra0.8\sim0.2\mu\text{m}$；精密磨削时的尺寸精度可达 IT5 以下，表面粗糙度可达 $Ra0.05\mu\text{m}$ 以下。这是由于磨床的本身的制造精度高，又采用液压传动，加之磨削的砂轮是多刃微刃的切削工具且转速很高，此外磨削深度又小。

（2）可加工高硬度材料。磨削不仅能加工如铸铁、碳钢、合金钢及部分有色金属等一般的金属材料，而且可加工一般刀具难以加工的高硬度材料，如淬火钢、硬质合金、陶瓷、玻璃、高硬度的复合材料等。磨削通常不宜加工塑性较高的材料，如较软的铜、铝等有色金属，这是因为砂轮会被金属碎屑堵塞，使磨削无法进行，而且易划伤已加工表面。

（3）应用范围广。一般的工件表面都可采用磨削加工。

4. 磨削加工的缺点

（1）加工温度高。由于磨削的速度很高，从而产生大量的切削热，使磨削温度可达1000℃以上。为保证工件的加工质量，磨削时必须使用大量的切削液来冷却。

（2）需要预加工。磨削加工的背吃刀量小，故要求工件在磨削之前先进行半精加工。

（3）径向分力大。由于砂轮与工件的接触宽度大，径向分力较大易使加工工艺系统变形，影响工件的加工精度。

二、磨床

常用的磨床有万能外圆磨床、普通外圆磨床、内圆磨床、平面磨床、无心磨床、工具磨床、齿轮磨床、螺纹磨床等多种类型。下面以万能外圆磨床为例简单介绍其型号、组成等。

1. 万能外圆磨床的型号

图 11-27 所示为 M1432A 型万能外圆磨床，其中 M1432A 的字母和数字的含义如下：

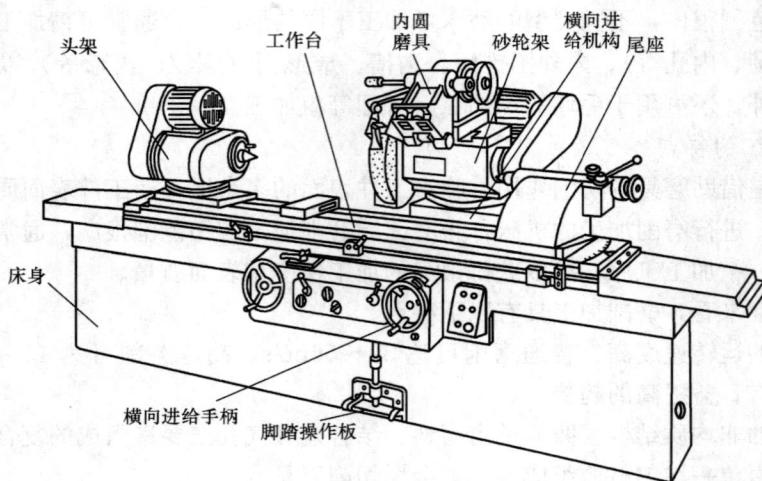

图 11-27　万能外圆磨床

M：类别——磨床类。

1：组别——外圆磨床组。

4：型别——万能外圆磨床型。

32：主参数——最大磨削直径的 1/10，即最大磨削直径为 320mm。

A：改进次数——第一次重大改进。

2. 万能外圆磨床的组成

万能外圆磨床由床身、砂轮架、头架、尾架、工作台、内圆磨头等组成。

（1）床身。床身安装在底座上，主要用于支撑和连接各零部件。其上部装有工作台和砂轮架，内部装有液压传动系统（工作平稳，无冲击振动）。床身上的纵向导轨供工作台移动用，横向导轨供砂轮架移动用。

（2）砂轮架。砂轮架主要用于安装砂轮，并有单独电动机通过皮带传动使其高速旋转。砂轮架可在床身后部的导轨上做横向移动（移动方式有自动间歇进给、手动进给、快速趋向工件和退出）并能绕垂直轴旋转一定的角度。

（3）头架。头架主要用于在其主轴上安装顶尖、拨盘、卡盘等，以便装夹工件。头架上的主轴由单独电动机通过皮带和变速机构传动，使与其相连的工件获得不同的转动速度，且头架可在水平面内偏转一定的角度。

（4）尾架。尾架主要用于支承工件的另一端，其内部有顶尖。尾架在工作台上可做纵向移动，其位置可根据所要加工工件的长度进行调整。扳动尾架上的杠杆，顶尖套筒可以伸出或缩进，以便装夹工件。

（5）工作台。工作台主要用于直接安装尾架、换向挡块（操纵工作台自动换向，也可手动）、砂轮修整工具等，台面上有 T 形槽供安装使用。工作台由液压驱动，能沿着床身上的纵向导轨做直线往复运动，并实现工件的纵向进给。工作台分为上下两层，上层可在水平面内偏转一个不大的角度（±8°），以便磨削锥度较小的圆锥面。

（6）内圆磨头。内圆磨头主要用于安装磨削内圆表面用的砂轮。它的主轴由另外一个电动机带动并可绕支架旋转，使用时翻下，不用时翻向砂轮架上方。

三、砂轮

1. 砂轮的结构

砂轮是磨削的主要工具，主要由磨粒和结合剂按一定比例黏结在一起，经压缩后焙烧而成的疏松多孔体。砂轮由磨粒、结合剂和空隙三要素组成。磨粒形成切削刃口，起切削作用；结合剂则固定各磨粒；空隙则有助于排屑和冷却。砂轮的特性有磨料、粒度、结合剂、硬度、组织、形状、尺寸等因素决定。

（1）磨料。磨料是制造砂轮的主要原料，具有很高的硬度、耐热性、一定的韧性等。常用磨料的代号、性能及应用见表 11-1。

（2）粒度。粒度是磨料颗粒的大小。常用筛选法来分级，它是以每英寸筛网长度上筛孔的数目来表示。

（3）结合剂。结合剂将磨粒黏结成具有一定强度、形状和尺寸的砂轮。

（4）硬度。硬度指砂轮工作表面上的磨粒，在切削力的作用下自行脱落的难易程度。砂轮的硬度与磨粒本身的硬度是两个不同的概念。磨粒易脱落，表明砂轮硬度低；反之，则表明砂轮硬度高。

（5）组织。组织指磨料、结合剂、空隙三者之间的比例关系，也指砂轮的疏密程度。

（6）形状和尺寸。形状和尺寸是保证磨削各种形状和尺寸工件的必要条件。

为方便使用和保管，根据 GB/T 2484—2006《固结磨具　一般要求》规定，砂轮的特性参数全部以代号形式标志在砂轮的端面上（非工作面）。其顺序为砂轮的形状、尺寸、磨料、磨料粒度、硬度、组织、黏结剂及安全工作线速度。例如，P400×40×127A60L5V35，即表示形状—平行，尺寸—大径 400mm、厚 40mm、孔径 127mm，磨料—棕刚玉，粒度—60 目（0.256mm），硬度—中软，组织—中等级，黏结剂—陶瓷，安全工作线速度—35m/s。

表 11-1　　　　　　　　　常用磨料的代号、性能及应用

系　列	磨粒名称	代　号	特　　性	适用范围
氧化物系 Al_2O_3	棕色刚玉	A	硬度较高、韧性较好	磨削碳钢、合金钢、可锻铸铁、硬青铜
	白色刚玉	WA		磨削淬硬钢、高速钢及成形磨

系　列	磨粒名称	代　号	特　　性	适用范围
碳化物系 SiC	黑色碳化硅	C	硬度高、韧性差、导热性较好	磨削铸铁、黄铜、铝及非金属等
	绿色碳化硅	GC		磨削硬质合金、玻璃、玉石、陶瓷等
高硬磨料系 CBN	人造金刚石	SD	硬度很高	磨削硬质合金、宝石、玻璃、硅片等
	立方氮化硼	CBN		磨削高温合金、不锈钢、高速钢等

2. 砂轮的安装与修整

磨削时砂轮高速旋转，而且由于制造误差，使其重心不与安装的法兰盘中心线相重合，从而产生不平衡的离心力，加速砂轮轴承的磨损。因此，如果砂轮安装不当，不但会降低磨削工件的质量，还会突然碎裂造成较严重的事故。

（1）检查。砂轮安装前可先进行外观检查并用敲击法检查其是否有裂纹。

（2）平衡试验。将砂轮装在心轴上，放在平衡架轨道的刀口上，如果砂轮不平衡，较重的部分总是转在下面，通过改变法兰盘端面环形槽内的若干个平衡块的位置平衡后，再进行检查。如此反复进行，直到砂轮可以在刀口上的任意位置都能静止（也即砂轮的重心与其回转中心重合）。一般进行两次平衡试验，先粗平衡，然后装在磨床上修整后取下再进行精平衡。一般直径大于 125mm 的砂轮，安装前必须进行平衡试验。

（3）安装。安装时要求砂轮不松不紧地套在砂轮主轴上，在砂轮两端面与法兰盘之间垫上弹性垫片（一般为 1～2mm）。

砂轮工作一段时间以后，磨粒逐渐变钝，工作表面的空隙被堵塞，正确的几何形状被改变。砂轮必须进行修整，以恢复其切削能力和精度。砂轮常用金刚石刀修整，且修整时要用大量切削液，以避免因温升损坏金刚石刀。

四、磨削液的选用

磨削液不仅能起冷却作用，防止工件烧伤；还能将磨屑和脱落的磨粒冲走，以免划伤工件和堵塞砂轮，达到润滑的目的。因此，正确选用磨削液可提高工件的加工质量。磨削钢、铸铁、硬质合金、铜（软铜除外）等较硬材料时常选用苏打水（用于粗磨、高速磨削、强力磨削等产生磨削热较多的情况）、乳化液（用于要求表面粗糙度低的情况）等；磨削软铜、铝及其合金等较软的材料时选用煤油（或松节油）再加 10％ 的机油、2％ 左右的四氯化碳（阻燃）组成的冷却液；磨削螺纹、齿轮等复杂形面时选用润滑性能好的冷却液，如由 92％ 的硫化油、6％ 的油酸、20％ 的松节油组成的冷却液，也可采用 10# 或 20# 机械油。

五、磨床夹具及工件的装夹

1. 万能外圆磨床上工件的装夹

万能外圆磨床上工件的装夹与卧式车床的装夹基本相同，一般采用前后顶尖装夹、三爪卡盘、四爪卡盘、花盘、心轴等。不同之处在于用前后顶尖装夹时，磨削顶尖不随工件一起转动且中心孔在装夹前需要修研，以提高加工精度。中心孔修研后和顶尖一起擦净，并加上适当的润滑脂。

2. 平面磨床上工件的装夹

平面磨床上工件的装夹主要有电磁吸盘直接装夹、永磁吸盘装夹和夹具装夹。

（1）电磁吸盘直接装夹用于装夹定位面为平面且与电磁吸盘接触面积足够大的中小型导磁工件。装夹前，工件应去掉毛刺并将电磁吸盘和工件擦净。工件一般装夹在电磁吸盘能吸牢的地方，必要时可在工件的端面增加挡块。

（2）永磁吸盘主要由可移动的永久磁铁块组成，工件热变形小，可获得较高的加工精度且能圆弧分度磨削斜面。其应用与电磁吸盘基本相同，但在磁力减弱时要注意及时充磁。

（3）夹具装夹将精密平口钳、方箱、直角弯板、垫铁、角铁、低熔点材料粘固、专用夹具等简易夹具直接吸附在电磁吸盘上装夹工件。不但用于磨削斜面及装夹面不是平面的工件，还可用于铜、铝、非金属等不导磁工件。

六、磨削实例

磨削外圆一般在普通外圆磨床、万能外圆磨床及无心磨床上进行。

磨削外圆加工过程如下：

（1）磨削前，首先识图弄清零件的加工部位和加工要求，并选择适当的装夹方法。

（2）正确装夹零件和调整机床，检查砂轮是否需要修整。

（3）开动机床，使砂轮和工件旋转；将砂轮慢慢靠近工件，直至与工件稍微接触。打开切削液，调整背吃刀量，使工作台纵向往复进给进行磨削。

（4）当磨至尺寸后，停止砂轮的横向进给，但要继续使工作台纵向往复进给几次，直到几乎不产生火花为止。拆卸工件后检查。

七、磨削安全技术

（1）磨削系高速切削，又系精密加工，砂轮较脆易碎，装拆工件要小心，不碰撞砂轮，未经平衡的砂轮严禁使用。

（2）开车前必须检查砂轮罩、挡块是否完好紧固，开车后要空转 1～2min，砂轮与工件之间要有一定间隙，待运转正常后，才能工作。

（3）砂轮进退方向必须弄清，并按工件长短，调整工作台的行程长短。

（4）磨削时进给量不能过大，以免损坏砂轮；停车时必须先将砂轮退离工件，然后才能停车。

（5）工件安装时，外圆磨床顶尖必须顶在顶针孔内；平面磨床在磨削高而狭的工件时，工件四周要用挡铁，而且挡块不低于工件的 2/3，要待工件吸牢后方可进行加工。

（6）磨床各油路系统必须保持畅通，主轴等转动件要保持良好的润滑。

（7）干磨零件时要戴好口罩；湿磨的机床在停车时应先关闭冷却液，并让砂轮空转 1～2min 进行脱水。

思 考 题

11-1 刀具材料应具备哪些性能？

11-2 车刀的安装要求有哪些？

11-3 刨削加工有哪些特点？

11-4　顺铣和逆铣各有何特点？

11-5　磨削加工的特点有哪些？

技 能 训 练

1. 车床：车端面和外圆练习。

2. 刨床：刨平面和沟槽练习。

3. 铣床：铣沟槽和齿轮练习。

4. 磨床：磨外圆练习。

焊　接

教 学 目 标

1. 明确焊接的概念及分类方法；
2. 掌握焊接设备的原理及使用保养事项；
3. 明确常用焊接方法的操作及优缺点；
4. 了解焊接安全防护知识和技能。

第一节 概　　述

一、焊接定义及分类方法

1. 焊接的定义

根据国标 GB/T 3375—1994《焊接术语》，焊接这一名词的定义为："通过加热或加压，或两者并用，并且用或不用填充材料，是工件达到结合的一种方法。"从这个定义可知，焊接是指两个分离的金属工件（同种金属或异种金属）产生原子（分子）间结合连接成一体的连接方法。

2. 焊接方法的分类

对焊接进行分类的方法有许多种，按工艺特点对焊接进行分类，可将焊接分为三个大类，即熔焊、压焊和钎焊。

二、焊接接头的组织和性能

焊接接头通常是由基本金属和填充金属在焊接高温热源的作用下，经过加热和冷却过程而形成不同组织和性能的不均匀体。

1. 焊接接头的组成

焊接接头由焊缝区（OA）、熔合区（AB）和热影响区（BC）三部分组成，如图 12-1 所示。

（1）焊缝。焊缝是焊接接头的主体。焊缝金属通常由母材和焊材经过熔化、结晶凝固而形成的。焊缝区的宽度主要取决于坡口形式和焊接线能量。

（2）熔合区。熔合区是焊接接头中焊缝与母材交接的过渡区域。它是刚好被加热到熔点与凝固温度区间的部分，该处金属与焊缝金属间发生部分扩散，特别是在异种钢焊接中，当焊缝金属与母材金属化学成分相差较大时，使得熔合区化学成分变得复杂。在长期运行过程中，常在该区域早期失效断裂。熔合区一般很窄，约为 0.1～0.5mm，因此也常称为熔合线。

（3）热影响区。采用各种熔化焊方法，在焊接热源的作用下，焊缝两侧母材不可避免地要有一个发生组织和性能变化的区域，

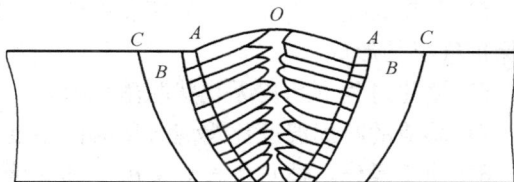

图 12-1　焊接接头示意图

通常称这个区域为热影响区。热影响区的宽度与焊接方法、线能量、工件结构和焊接工艺有关。

　　2. 焊接接头的特点

　　由于焊接热源周围的各个部位距热源中心的距离不同，其经受的焊接热循环和温度高低也不同，所以焊接接头各部位在组织上和性能上存在着很大的差异。焊态的焊缝金属基本是一种铸造组织，与母材不同。热影响区金属受焊接热循环的影响，其组织与性能发生了不同程度的变化，特别是熔合区更为显著。所以焊接接头是组织和性能的极不均匀体。

　　焊接接头还会产生各种缺陷，存在残余应力和应力集中，这些因素对焊接接头都有很大的影响。

三、常用焊接材料

　　焊接材料通常是由焊条、焊丝、焊剂、保护气体等组成。焊接材料与焊接方法有着密切的配合关系，所以各种焊接方法都有它的对应焊接材料。

　　1. 电焊条

　　（1）电焊条的组成。电焊条是焊条电弧焊的主要焊接材料，它对焊接过程的工艺性和焊缝金属组织性能起着很大的决定作用。

　　电焊条由焊芯和药皮组成。电焊条的工艺性是指电焊条操作时的性能，它包括电弧的稳定性、焊缝脱渣性、再引弧性能、焊接飞溅率、熔化系数、焊条熔敷效率、焊接发尘量和焊条耗电量。测定焊条工艺性时应按照 JB/T 8423—1996《电焊条焊接工艺性能评定方法》进行。

　　1）焊芯。焊芯用钢已列入国家标准，均为高级优质钢，通过轧制成盘，再拔制成不同直径规格。常用规格有 $\phi1.6$、$\phi2.0$、$\phi2.5$、$\phi3.2$、$\phi4.0$、$\phi5.0$ 等。

　　焊接时，焊芯一方面起着传导焊接电流的作用，另一方面在电弧热的高温作用下熔化，作为填充金属过渡到焊接坡口中，与母材金属熔合一起形成焊缝。因此，焊芯的化学成分对焊缝金属的化学成分起着主导作用。

　　2）药皮。药皮是用矿物质、铁合金、金属粉、有机物、化学原料等按一定配比制成具有一定功能的涂料。通常将这种涂料经机械方法压结在焊芯上，要求药皮与焊芯具有较高的同心度，且包覆紧密、均匀、无鼓包等。

　　（2）电焊条质量要求。为达到规定的技术标准，电焊条应具备如下质量要求：

　　1）电焊条的熔敷金属应具有规定的化学成分和良好的力学性能。

　　2）焊接过程中不易产生气孔、裂纹和夹渣等缺陷。

　　3）容易引弧，能保证电弧燃烧的稳定性。

　　4）焊接飞溅小。

　　5）药皮熔化与焊芯熔化的速度相适应，能以套筒形状进行电弧燃烧，有利于熔滴过渡和保护气氛的形成。

　　6）熔化过程中药皮无块状脱落现象。

　　7）熔渣的凝固温度比焊缝金属凝固温度低，流动性和黏度适宜，具有良好的脱渣性。

　　8）便于操作，适宜各种焊接电源和焊接位置的使用。

　　2. 焊丝

　　焊丝分为实芯焊丝和药芯焊丝两类。实芯焊丝包括气体保护电弧焊用焊丝、埋弧焊用焊丝、气焊用焊丝及手工钨极氩弧焊专用的填充焊丝四种；药芯焊丝包括自保护药芯焊丝、气保护药芯焊丝和渣保护药芯焊丝三种。

下面主要介绍电力工程常用的气体保护电弧焊用焊丝、埋弧焊焊丝和手工钨极氩弧焊专用焊丝。

（1）气体保护电弧焊用碳钢、低合金钢焊丝。国标 GB/T 8110—2008《气体保护电弧焊用碳钢、低合金钢焊丝》规定了实芯焊丝的型号分类、技术要求等。气体保护电弧焊用碳钢、低合金钢焊丝是按照化学成分和熔敷金属的力学性能分类的，通常用 ER××-×-（×）通式表示。

（2）埋弧焊用焊丝。国家标准 GB/T 5293—1999《埋弧焊用碳素钢焊丝和焊剂》和 GB/T 17854—1999《埋弧焊用不锈钢焊丝和焊剂》中直接引用了 GB/T 14957—1994《熔化焊用钢丝》和 YB/T 5092—2005《焊接用不锈钢丝》标准。埋弧焊用焊丝分为碳钢焊丝，包括低锰焊丝、中锰焊丝和高锰焊丝以及按照焊丝合金成分分类的不锈钢用焊丝。埋弧焊用碳钢焊丝通常用 H××（×）×× 通式表示；埋弧焊用不锈钢焊丝一般以 H＋数字＋元素符号＋数字通式表示。

（3）手工钨极氩弧焊专用焊丝。手工钨极氩弧焊广泛应用于电力系统各类管子及管道的打底焊接，而现有的国家标准并不包含氩弧焊专用焊丝，因此电力系统统一开发了手工钨极氩弧焊专用焊丝。

第二节 焊 接 设 备

一、弧焊电源的分类及用途

弧焊电源主要分交流与直流两大类。主要有弧焊变压器和弧焊整流器两种形式。

弧焊电源的特点和适用范围见表 12 - 1。

表 12 - 1　　　　　　　　　　弧焊电源的特点和适用范围

电源类型	弧焊变压器	弧焊整流器
输出及电弧特点	输出为交流下降外特性	输出为直流或直流脉冲，其外特性可以是平的或下降的有磁偏吹现象
运行特点	大多接单相电网，功率因数较低，空载损耗小，噪声较小，维修简单	大多接三相电网，空载损耗较小，维修比弧焊变压器复杂
运行范围		较重要的焊接结构的焊条电弧焊（常使用碱性焊条）各种埋弧焊及气体保护焊

二、弧焊电源（电焊机）型号的编制方法

根据国家标准 GB/T 10249—1988《电焊机型号编制方法》的规定，电焊机型号由数个汉语拼音字母和阿拉伯数字组成。

1. 编排顺序及代号

| 1 | 2 | 3 | 4 | － | 5 | 6 | 7 |

代号编制的规定如下：

（1）大类名称、小类名称、附注特性、派生代号等项用汉语拼音字母表示。

（2）系列序号、基本规格、改进序号等项用阿拉伯数字表示。

（3）附注特征、系列序号、改进序号等项如不用时，其他各项排紧。

（4）附注特征和系列序号用于区别小类的各系列和品种（包括通用产品和专用产品）。

（5）特殊环境用的产品，以汉语拼音字母在型号末尾加法。

2. 代号的含义

（1）大类名称。指弧焊机类型。如 B 为弧焊变压器，Z 为弧焊整流器，M 为埋弧焊机，W 为 TIG 焊机等。同时兼做两大类焊机使用时，其大类名称的代表字母按主要用途选取。

（2）小类名称。指弧焊机外特性或焊接类别。如 X 为下降特性，P 为平特性，D 为多特性或多用，S 为手工焊，Z 为自动焊，B 为半自动焊等。

（3）附注特征。指电源特征一般电源或直流电源不做标记。如 M 为脉冲电源，L 为高空载电压，E 为交直流两用电源，J 为交流电源等。

（4）系列序号。指整流或电流调节方式。如 1 为动铁芯式，2 为串联电抗式，3 为动圈式，4 为旋转焊头式，5 为晶闸管式或台式，6 为变换抽头式，7 为变频式，9 为焊头悬挂式等。

（5）基本规格。指额定焊接电流（A）、最大储能量（J）或额定容量（KVA）。

（6）派生代号。定型产品有了变动，使产品的用途发生重大变化时，给予的代号为派生代号。以汉语拼音的字母顺序排列。

（7）改进序号。生产的定型产品在设计、工艺、材料上有重大改进，并且导致产品结构、参数和技术经济指标和性能发生改变时，给予的代号为改进序号。改进序号按生产改进程序用阿拉伯数字连续编号。

（8）特殊环境。指使用环境特殊时的名称代号。如 S 为水下，G 为高原，T 为热带，TH 为湿热带，TA 为干热带等。

3. 编制型号举例

（1）BX1-330，表示具有下降特性、额定焊接电流为别 330A 的动铁芯式弧焊变压器。

（2）BX3-300，表示具有下降特性、额定焊接电流为 300A 的动圈式弧焊变压器。

（3）ZXE-300，表示具有下降特性，额定焊接电流为 300A 的交直流两用弧焊整流器。

三、弧焊变压器

弧焊变压器（俗称交流弧焊机）系一交流弧焊电源，用以将电网的交流电变成适宜于电弧焊接的交流电。由初、次级线圈相隔离的主变压器、电抗线圈及调节指示装置等组成（配以焊钳即能进行手工电弧焊）。

1. 弧焊变压器的种类及用途

弧焊变压器按工作原理分为串联电抗器式、增强漏磁式两大类。串联电抗器式根据电抗器和变压器配合方式的不同，分为分体式和同体式两种。增强漏磁式根据结构不同，分为动铁芯式、动圈式和抽头式三种。

2. BX1-330 型弧焊变压器（交流电焊机）

BX1-300 型弧焊变压器是目前国内使用较广的焊机，属于动铁芯漏磁式类型。空载电压为 60～70V，工作电压为 30V，电流调节范围为 50～450A。

（1）焊机构造。其构造如图 12-2 所示，具有 3 只铁芯柱的单相漏磁式降压变压器，两边为固定的主铁芯，中间为可动铁芯。
变压器的初级线圈为筒形，绕在一个主
铁芯柱上。次级线圈分为两部分：一部
分绕在初级线圈外面；另一部分绕在另
一个主铁芯柱上兼作电抗线圈。焊机的
两侧装有接线板，一侧为初级接线板，
供接入网路电源用；另一侧为次级接线
板，供接往焊接回路用。次级接线板可
采用接法Ⅰ和接法Ⅱ两种方法进行电流

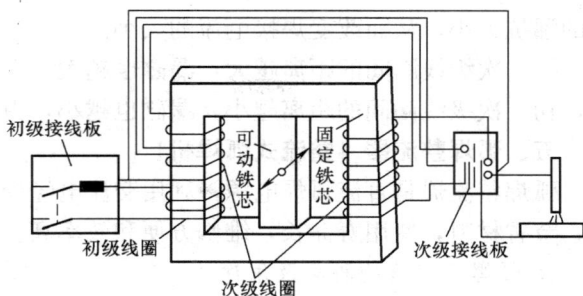

图 12-2 BX1-330 型弧焊变压器原理图

的粗调节。转动焊机的电流调节手柄，使中间的可动铁芯前后移动，进行电流的细调节。

（2）工作原理。空载时，由于无焊接电流通过，电抗线圈不产生电压降，故形成较高的空载电压，便于引弧。

焊接时，次级线圈有焊接电流通过，在铁芯内产生磁通，可动铁芯的漏磁显著增加，次级电压下降，从而获得了降压的外特性。

短路时，由于很大的短路电流通过电抗线圈，产生了很大的电压降，使次级线圈的电压接近于零，这样就限制了短路电流。

（3）焊接电流的调节。有粗调节和细调节两种。

1）粗调节是以次级线圈不同的接线方法、改变次级线圈匝数实现的。在次级线圈的接线板上有两种接线方法。

2）细调节是以改变可动铁芯的位置而进行的，可通过可转动手柄改变可动铁芯与主铁芯的间隙，来改变漏磁的大小。当转动手柄使可动铁芯内由主铁芯向外移动时，漏磁减少，焊接电流增大；反之，则焊接电流减少。

四、BX3-300 型交流电焊机

属于动圈式类型，空载电压为 60～75V，工作电压为 30V，电流调节范围为 40～400A。具有效率高、电流调节范围大、小电流焊接时电弧非常稳定以及噪声小等优点。

1. 焊机构造

BX3-300 型交流电焊机是一台动圈式单相焊接变压器。初级线圈分成两部分固定在两铁芯柱的底部，次级线圈亦分成两部分，装在两铁芯柱上部并固定于可动的支架上。利用调节手轮转动螺杆可以使两次级线圈沿铁芯柱做上下移动，从而改变初级与次级线圈间的距离，来调节焊接电流的大小。同时初、次级线圈可分别接成串联（接法Ⅰ）和并联（接法Ⅱ）形式，可得到较大的电流调节范围。

2. 焊机的降压特性

BX3-300 型交流电焊机的降压特性是借初、次级线圈间的漏磁作用而获得。

3. 焊接电流的调节

有粗调节和细调节两种。

（1）粗调节。改变初、次级线圈的接线方法实现调节，有串联（接法Ⅰ）和并联（接法Ⅱ）两种方式。

进行接法转换时，首先将焊机电源切断，再将电源转换开关转至相应的接法（Ⅰ或Ⅱ）。

（2）细调节。在两种接法中，均以转动手柄调整初、次级线圈间的距离，来改变它们之

间的漏抗大小，从而改变焊接电流的大小。

初、次级线圈间的距离越大，漏磁也越大，由于产生的漏抗增加，使焊接电流减小；反之，初、次级线圈间的距离越小，漏磁也越小，由于产生的漏抗减小，使焊接电流增大。

五、弧焊整流器（整流式弧焊机）

弧焊整流器是直流弧焊电源，利用交流电经变压整流后，获得直流电。其优点是制造简单，节省材料，使用寿命长，维修方便和效率高。

1. 弧焊整流器的种类及用途

弧焊整流器按外特性分，有下降特性、平特性和多特性三类；按外特性调节机构的作用原理分有近 10 种之多，其中磁放大器式最为常用。

2. ZX 系列硅整流式直流电焊机

ZX 系列硅整流式直流电焊机结构属于磁放大器式类型，空载电压为 70V，工作电压为 25～30V，焊接电流调节范围为 15～300A。

（1）焊机构造。由三相降压变压器、三相磁放大器（饱和电抗器和硅整流器组）、输出电抗器、通风机组、控制系统等部分组成。

（2）工作原理。启动焊机时，先将电源开关置于接通位置，使通风电动机运转，风量达到一定值时，以一定压力推动微动开关，此时交流接触器通电动作，常开触点 1 闭合，使三相降压变压器 B1 与网路接通；常开触点 2 闭合，使控制变压器 B2 与网路接通，磁放大器开始工作，输出一定的直流电压，开始焊接工作。

（3）焊接电流的调节。焊接电流依靠调节面板上的焊接电流控制器改变磁放大器控制线圈中的直流电大小，使铁芯中的磁通发生相应的变化，调整焊接电流的大小。

为减少网路电压波动对焊接电流的影响，磁放大器控制线圈的电源采用铁谐振式稳压器，保持激励电流的稳定，减少焊接电流的变化。

3. ZX 系列逆变弧焊整流器

ZX 系列逆变弧焊整流器是一种可控硅逆变式多功能直流弧焊机，特点是小型、重量轻、高效、节能、电弧稳定、飞溅少，焊接工艺性能好。

（1）焊机构造。机芯主要由三相桥式整流器、串联可控硅的逆变器、中频变压器、电控器。单相全波整流器、逻辑控制板等组成。机芯外部有外壳和前后面板及遥控盒。

（2）工作原理。ZX 系列逆变弧焊整流器是基于频率变换原理，输入工频三相交流电，经三相桥式整流器整成直流，被一可控硅串联逆变器转换成 0.4～5kHz 的交流电，再经中频变压器降压、整流、滤波、输出直流。通过逻辑控制电路，实现整机闭环控制。

（3）焊接电流调节。电流调节分为两档，粗调和细调。粗调可调节面板上的电流分档开关（禁止带负荷切换）。细调可调节面板上的输出电流调节旋钮，远距离施焊，细调应用遥控盒调节。

第三节　焊　接　方　法

一、焊条电弧焊（SMAW）

焊条电弧焊是用焊条和焊件作电极，并利用其间产生的电弧热，将焊条及部分焊件熔化而形成焊缝的一种手工操作焊接方法，因此也常称为手工电弧焊。

焊接过程如图 12-3 所示。焊件本身的金属称为基本金属或母材,焊条熔化的熔滴过渡到熔池上的金属称为熔敷金属。焊接时由于电弧的吹力使母材熔化金属的底部形成的凹坑叫做熔池。母材表面到熔池底部的距离称为熔深,焊条末端到熔池表面的距离称为弧长,焊缝表面覆盖的一层渣壳称为药皮熔渣。

焊接过程中焊条药皮熔化分解生成气体和熔渣,在气体和熔渣的共同保护下,有效地排除了周围空气对熔化金属的有害影响。通过高温下熔化金属与熔渣间的冶金反应,还原并净化焊缝金属,从而得到优质的焊缝。

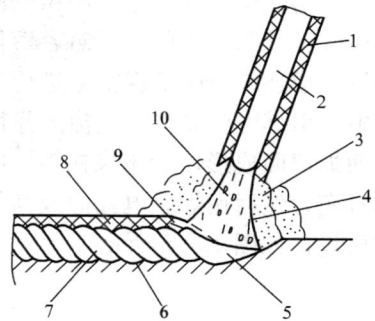

图 12-3 焊条电弧焊过程示意图
1—药皮;2—焊芯;3—保护气;
4—电弧;5—熔池;6—母材;
7—焊缝;8、9—焊渣;10—熔滴

焊条电弧焊设备简单,便于操作,适用于室内外各种位置的焊接,可以焊接碳钢、低合金钢、耐热钢、不锈钢等各种材料,在锅炉压力容器制造中应用十分广泛。例如,钢板对接,管子与管子的对接,接管与筒体、封头的连接及各种结构件的连接,都可以采用焊条电弧焊。

焊条电弧焊的缺点是生产效率低,劳动强度大,对焊工的技术水平及操作要求较高。

二、埋弧焊 (SAW)

利用焊丝和母材作电极而产生在颗粒状焊剂下燃烧的电弧热能来熔化焊丝和部分母材的焊接方法,称为埋弧焊。若焊丝沿着焊缝移动,而且随着焊丝的燃烧熔化不断向焊缝送丝的过程均为自动化,则称为自动埋弧焊。

埋弧焊的焊接过程如图 12-4 所示。

埋弧自动焊用焊丝作为电极和焊接填充金属。焊接时,颗粒状焊剂覆盖着部分焊丝和焊接熔池,电弧基本上是在密封的空穴里燃烧,熔化的焊剂膜可靠地保护着电弧和熔池,使之免受大气的作用,并防止了飞溅。

埋弧自动焊的局限性是,设备比较复杂昂贵;由于电弧不可见,因而对接头加工与装配要求严格;焊接位置受到一定限制,一般总是在平焊位置焊接。

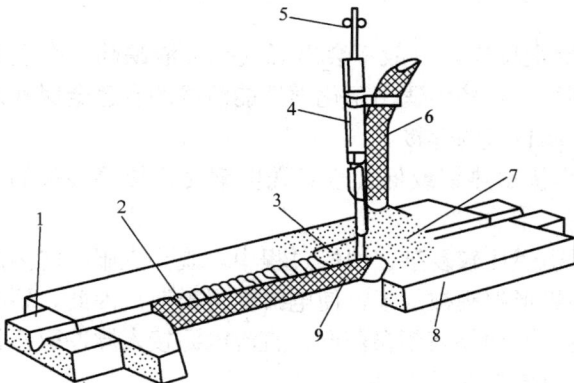

图 12-4 埋弧焊的焊接过程
1—引出板;2—焊缝;3—焊渣;4—导电嘴;
5—送丝轮;6—焊剂软管;7—焊剂;
8—焊件;9—焊丝

埋弧自动焊常用于焊接长的直线焊缝及大直径圆筒容器的环焊缝。

三、钨极氩弧焊 (GTAW)

氩弧焊是以惰性气体氩气作为保护气体的一种电弧焊接方法。电弧发生在电极与焊件之间,在电弧周围通以氩气,形成连续封闭气流,保护电弧和熔池不受空气的侵害。而氩气是惰性气体,即使在高温之下氩气也不与金属发生化学作用,且不溶解于液态金属,因此焊接质量较高。

氩弧焊根据电极是否熔化分为不熔化极氩弧焊及熔化极氩弧焊。

不熔化极氩弧焊通常叫做钨极氩弧焊（GTAW）。它以钨棒为电极，在氩气保护下，靠钨极与工件间产生的电弧热，熔化基本金属和焊丝，并同时利用焊炬喷嘴流出的氩气在熔池周围形成连续封闭的保护层进行焊接。在焊接过程中钨极不发生明显的熔化和消耗，只起发射电子引燃电弧及传导电流的作用。钨极氩弧焊电弧稳定，可使用小电流焊接薄工件，并可单面焊双面成形，近年来在锅炉压力容器制造和安装中得到广泛应用。特别是采用钨极氩弧焊打底，然后用焊条电弧焊或其他焊接方法形成焊缝，可以避免根部未焊透等缺陷，提高焊接质量，如图 12-5 所示。

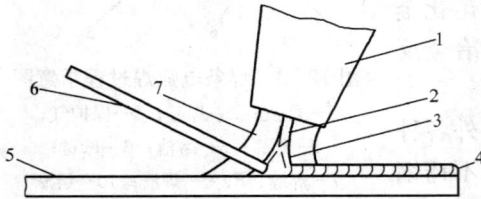

图 12-5　钨极氩弧焊示意图
1—喷嘴；2—电极；3—电弧；4—焊缝；
5—焊件；6—填充焊丝；7—保护气

在钨极氩弧焊（GTAW）中，若采用手工移动焊炬，且手工添加焊丝，则称其为手工钨极氩弧焊；若采用机械方法自动移动焊炬或焊炬不动而工件自动移动且自动连续送丝，则称其为自动钨极氩弧焊。

（1）钨极氩弧焊具有以下优点：

1）适于焊接各种钢材、有色金属及合金。且电弧稳定、飞溅小，焊缝致密，成形美观，焊接质量优良。

2）电弧和熔池用氩气保护，焊缝没有渣壳覆盖，熔池清晰可见，因而液态熔池容易控制，适用于全位置焊接和自动化焊接。

3）氩气是单原子气体，热容量小，导热低，热耗量少，电弧燃烧十分稳定。即使是小电流长电弧也很稳定，由于电弧在气体的压缩作用下，热量特别集中，因此焊接熔池及其热影响区很小，容易控制焊接规范和操作质量。特别在薄壁件、导热性强的铜或铝的焊接中能获得优良的焊接质量，同时在细小管子的焊接中变形也很小。

4）氩气是最稳定的一种惰性气体。氩气比空气重，焊接时能在电弧周围形成一圈稳定的气流层，能有效地防止空气进入焊接区域，因此熔池金属中的氮和氧的含量极低。同时，电弧在保护气流压缩下燃烧，热量集中，熔池较小，焊接速度较快，焊接线能量小。特别适合焊接超超临界锅炉用新型铁素体耐热钢 T23、T24、T91、T92、T122 钢，使其焊缝韧性远高于焊条电弧焊和埋弧焊方法。

5）氩不溶于金属，不与熔池金属发生冶金反应，一般不会出现气孔夹渣缺陷，合金元素的烧损也少。与电弧焊相比较，焊缝特别纯净，特别适用于化学性能活泼的有色金属和焊接工艺要求严格的合金钢、优质碳素钢等金属材料的焊接。

6）氩弧焊是一种低氢型的焊接方法。焊接耐热钢或低合金高强度钢时，焊接接头的冷裂纹倾向比用焊条电弧焊焊接时低。

（2）氩弧焊的电弧引燃。氩弧焊的电弧引燃比较复杂。引燃过程中，既要克服因电离度高的氩气妨碍电弧迅速引燃，又要避免棒尖锥形端头被烧损，使电弧变得松散。因此，要在焊接电源上加装引弧装置以便引弧，如交流电源加装高频振荡器，直流电源接入脉冲引弧器等。这些引弧装置使钨棒无需与焊件直接接触电弧便可引燃。

在电站安装中直流焊接电源目前不增加控制装置，而采取轻度接触法使钨棒与焊件接触引燃对钨棒尖端虽稍有损伤，但方便了操作和顺利地引弧，也节约了购置设备费用。

（3）氩弧焊的焊接过程。施焊前，先将氩气按一定的压力和流量由焊枪喷嘴放出，使焊接区形成一个气体保护罩，然后将钨极与焊件相接触引燃电弧。电弧将焊件局部熔化形成熔池，焊丝端部借助电弧热作用形成熔滴，与熔池金属熔合。钨棒与焊丝便可按施焊规律逐步沿施焊方向移动，熔融金属冷凝后便形成焊缝。

四、熔化极氩弧焊（GMAW）

熔化极氩弧焊在气体保护原理上与钨极氩弧焊基本类似，所不同的是焊丝做了电极，在焊接过程中以一定速度连续送给，同时熔化，通过熔滴过渡补充焊缝金属。它与 GTAW 焊相比具有更优的特点。

（1）生产率高。GTAW 焊时，为防止钨极的熔化和烧损，焊接电流不能太大，因而焊缝的熔深受到限制。当焊件厚度大于 6mm 时，就要开坡口，采用多层多道焊。有时还要预热和保温，不但恶化劳动条件、增加工艺实施的困难，而且焊接效率大为降低。GMAW 焊由于焊丝为电极，焊接电流可大大提高，不但适宜厚件焊接，而且有利于焊接过程的机械化和自动化。

（2）熔滴过渡为射流过渡。这种熔滴过渡具有熔深大、飞溅小、电弧稳定和焊缝成形良好的优点。

（3）易实现熔化极脉冲氩弧焊。GMAW 焊时要求熔滴过渡为射流过渡，但焊接电流必须在临界电流之上。对薄板件及热敏感性大的金属材料，或者是全位置焊接，焊接电流大于临界电流显得过大，直接影响焊接质量，甚至无法焊接。因此，需要采用脉冲焊接电流，在低于临界电流值条件下实现射流过渡。在焊接过程中维弧电流与脉冲电流叠加，即得到焊接脉冲电流。焊接脉冲电流的平均值比临界电流小得多，但脉冲的峰值电流比临界电流大。通过脉冲电流和基本电流的调节，能有效地控制熔滴过渡与工件的加热，满足焊接工艺要求。

五、二氧化碳气体保护焊（CO_2AW）

以二氧化碳气体作为保护气体的电弧焊接方法称为二氧化碳气体保护焊。它以焊丝做一个电极，靠焊丝与工件之间产生的电弧热熔化焊丝和工件，形成焊接接头。

按照焊丝直径大小分为细丝（$D \leq 1.2mm$）二氧化碳气体保护焊和粗丝（$D \geq 1.6mm$）二氧化碳气体保护焊。按自动化程度分为半自动和自动两种。焊接过程见图 12-6。

焊接时焊丝由送丝机构经软管和焊炬导电嘴送出，与焊件接触后产生电弧。在电弧热能作用下，焊丝和焊件熔化形成熔池。同时气瓶送出 CO_2 气体，以一定压力和流量从焊炬喷嘴流出，形成环形保护气流，使熔池和电弧区域与空气隔离。随着焊炬的移动，熔池冷却凝固形成焊缝。

CO_2 气体保护焊的主要优点如下所述。

（1）成本低。用二氧化碳保护电弧和熔池，不仅比氩气更便宜，也比采用焊剂及焊条药皮保护焊接区便宜。二氧化碳气体保护焊接中电能消耗少，焊接成本仅为焊条电弧焊或埋弧自动焊的 40%。

（2）质量好。电弧和熔池都在二氧化碳气体保护之下，不易受空气侵害。焊接时电弧加热集中，焊接速度快，焊接热影响区小。采用细焊丝小规范来焊接薄壁结构，特别适宜。

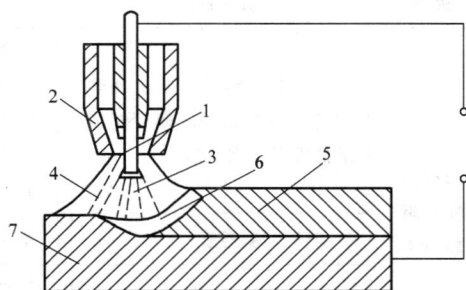

图 12-6 二氧化碳气体保护焊示意图

1—焊丝；2—喷嘴；3—电弧；4—CO_2 保护气；

5—焊缝；6—熔池；7—工件

（3）生产率高。由于焊丝送进自动化，电流密度大，热量集中，所以焊接速度快，又不需要清理焊渣等辅助工作，生产率较高。二氧化碳气体保护自动焊比起焊条电弧焊来，工效可提高 2～5 倍。

（4）操作性能好。明弧焊接，便于发现和处理问题。具有手工焊接的灵活性，适宜于进行全位置焊接。

二氧化碳气体保护焊的缺点是：采用较大的电流焊接时，飞溅较大，烟雾较多，弧光强，焊缝表面成形不够光滑美观。控制或操作不当时，容易产生气孔。焊接设备比较复杂。二氧化碳气体保护焊在锅炉压力容器制造中可用于焊接低碳钢、低合金钢结构。

六、气焊（GW）

气焊是利用可燃气体与氧气混合燃烧时产生的火焰热能使两块分离的焊件金属融为一体的一种手工焊接方法。

可燃气体有乙炔、天然气体、氢气、甲烷等。其中，乙炔在氧气中燃烧放出的热量最多，产生的火焰温度最高，所以乙炔作为可燃气体的氧炔焊应用最广。

气焊在 20 世纪五六十年代是电站锅炉安装中应用的一种方法。随着机组容量的增大，所用钢材合金钢的增多，因气焊热量低，且热量不集中、焊缝及热影响区易过热、焊接接头的力学性能差，往往满足不了大型火电机组合金钢的使用性能要求，而且焊接生产率低。因此，在电站锅炉制造、安装焊接中逐渐被手工钨极氩弧焊和电弧焊所代替。

七、电渣焊（ESW）

电渣焊是利用电流通过液体熔渣所产生的电阻热进行焊接的方法。

20 世纪 80 年代之前，我国 50、100、200MW 电站锅炉锅筒纵缝对接均采用电渣焊。但是，由于电渣焊接头冷却速度慢、焊缝组织粗大、焊接接头冲击韧性差，焊接接头必须进行热处理。一般采用正火加回火，以便恢复组织形态和细化晶粒，提高焊接接头韧性。

经过长期运行后，发现采用电渣焊方法焊接的锅筒纵缝出现了大量的八字形裂纹，严重影响锅筒的安全运行。所以自 20 世纪 90 年代开始，我国不再采用电渣焊方法焊接锅筒纵缝，而用埋弧自动焊代替。

八、电站锅炉安装焊接方法的选择

电站锅炉安装焊接方法的选择见表 12 - 2。

表 12 - 2　　　　　电站锅炉安装焊接方法的选择

类别	制件名称	焊 接 方 法
金属结构及附属设备	梁、柱、结构框架、循环水管、各种储器、型钢制成的部件等承重结构	1. 焊条电弧焊（SMAW）； 2. 焊剂下半自动焊——适用平焊； 3. 焊剂下自动焊——适用平焊，且有直线焊缝的大量同型制件、环缝长且其直径大于 800mm； 4. 二氧化碳气体保护焊
	煤粉、烟风道	手工电弧焊（SMAW）
	锅炉护板	1. SMAW； 2. 明弧半自动焊
	支吊架	SMAW

类别	制件名称	焊 接 方 法
管 件	中、低压汽水管道、热工仪表管子等	SMAW; 手工钨极氩弧焊（GTAW）
	锅炉受热面管、汽水连通管、主要热力管道、油管道、发电机冷却水管、抽汽管等	1. GTAW＋SMAW; 2. 厚度≤6mm，GTAW; 3. SMAW; 4. GTAW＋SMAW＋SMA（工厂化配管）

第四节　焊接常见缺陷及检验

焊接过程中，由于多种原因，往往在焊接接头产生焊接缺陷，这是人们所不希望的。了解焊接缺陷的特征和它的产生原因，对采取相应的预防措施和处理方法、提高焊接质量是十分有益的。

一、焊接缺陷的危害

焊接缺陷种类不同，其危害程度也有所区别。凡是有尖角切口的缺陷危害性最大，特别是裂纹，次之如未焊透等。所以在许多规程中，将它们限定在很严格的范围内。对重要构件裂纹是根本不允许的；无尖角缺口或尖角缺口敏感性小的缺陷危害性小些，如气孔、局部夹渣及一些表面缺陷，在一定条件下或范围内是可以允许的。但是无论哪种缺陷都是不希望有的，因为它们都有一定的危害性。

1. 爆管与脆性断裂

脆性断裂是结构在无塑性变形的情况下产生快速突发性的断裂现象。这种断裂总是从焊接接头缺陷开始的。当缺陷超标，如有裂纹等严重缺陷，压力容器及其管道在水压试验或机组试运中可能引起泄漏脆性断裂，甚至发生爆管，造成停机停炉的巨大经济损失。

2. 降低焊缝强度

缺陷在焊缝中占有一定的体积，它的存在减小了焊缝的有效截面，降低了焊缝的承载能力。缺陷越大，这种影响越严重。往往因焊接缺陷的截面尺寸过大，使焊接部件发生断裂事故也是屡见不鲜的。

3. 引起应力集中

焊接接头中的应力分布十分复杂。凡是结构截面有突变的部位，应力分布就很不均匀。焊接缺陷导致截面尺寸变化，特别是裂纹、未焊透及其他带有尖角的夹渣等，在外力的作用下，将产生很大的应力集中，可能使某点的应力峰值高出平均应力许多。当应力超过缺陷前沿金属的断裂强度时，就会引起开裂。接着开裂的端部又产生应力集中，以此继续使缺陷不断扩展，直至构件破坏。

在同一应力条件下，缺陷的尖锐程度越大，应力集中也越严重，产品的破坏倾向越大。

4. 缩短构件使用寿命

锅炉、压力容器及汽机的高压缸等在运行过程中，承受着低周脉动载荷和蠕变应力。当这些部件存在着焊接缺陷时，对承受疲劳应力的能力和蠕变性能都有影响，将会缩短构件的使用寿命。

二、外观缺陷

外观缺陷（表面缺陷）是指不用借助于仪器，从工件表面可以发现的缺陷。常见的外观缺陷有咬边、焊瘤、凹陷、焊接变形等，有时还有表面气孔和表面裂纹。单面焊的根部未焊透也位于焊缝表面。

1．咬边

咬边是指沿着焊趾，在母材部分形成的凹陷或沟槽，如图 12 - 7 所示。咬边是由于电弧焊将焊缝边缘的母材熔化后没有得到熔敷金属的充分补充所留下的缺口。

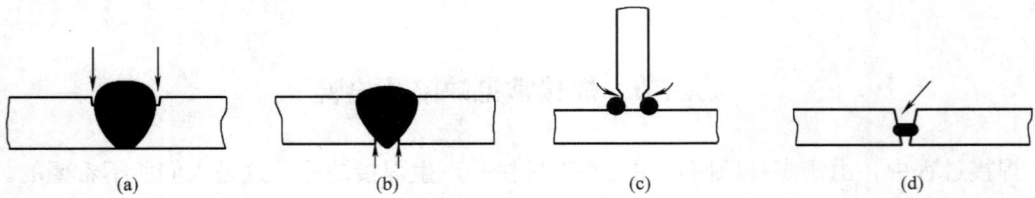

(a)　　　　　　(b)　　　　　　(c)　　　　　　(d)

图 12 - 7　咬边

产生咬边的主要是由电弧热量太高，即电流太大，运条速度太小所造成的。焊条与工件间角度不正确、摆动不合理、电弧过长、焊接次序不合理等都会造成咬边。直流焊时电弧的磁偏吹也是产生咬边的一个原因。某些焊接位置（立、横、仰）会加剧咬边。

咬边减小了母材的有效截面积，降低结构的承载能力，同时还会造成应力集中，发展为裂纹源。

矫正操作姿势，选用合理的规范，采用良好的运条方式都会有利于消除咬边。

2．焊瘤

焊缝中的液态金属流到加热不足未熔化的母材上或从焊缝根部溢出，冷却后形成的未与母材熔合的金属瘤即为焊瘤，如图 12 - 8 所示。

焊接规范过强、焊条熔化过快、焊条质量欠佳（如偏芯），焊接电源特性不稳定、操作姿势不当等都容易造成焊瘤。在横、立、仰位置更易形成焊瘤。

焊瘤常伴有未熔合、夹渣缺陷，易导致裂纹。同时，焊瘤改变了焊缝的实际尺寸，会带来应力集中。管子内部的焊瘤减小了它的内径，可能造成流动物堵塞。

防止焊瘤的措施如下：使焊缝处于平焊位置，正确选用规范，选用无偏芯焊条，合理操作。

3．凹坑

凹坑指焊缝表面或背面局部的低于母材的部分，如图 12 - 9 所示。

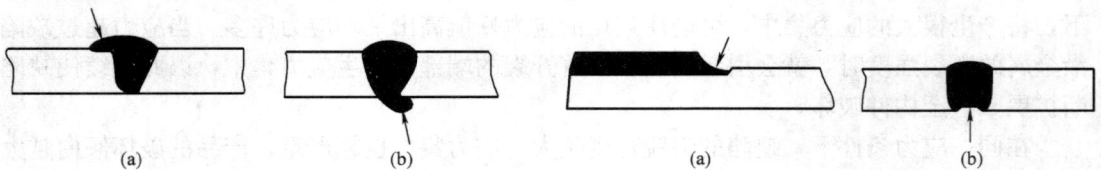

(a)　　　　　　(b)　　　　　　(a)　　　　　　(b)

图 12 - 8　焊瘤　　　　　　　　　图 12 - 9　凹坑

凹坑多是由于收弧时焊条（焊丝）未作短时间停留造成的（此时的凹坑成为弧坑），仰、立、横焊时，常在焊缝背面根部产生内凹。

凹坑减小了焊缝的有效截面积，弧坑常带有弧坑裂纹和弧坑缩孔。

防止凹坑的措施如下：选用有电流衰减系统的焊机，尽量选用平焊位置，选用合适的焊接规范，收弧时让焊条在熔池内短时间停留或环形摆动，填满弧坑。

4. 未焊满

未焊满是指焊缝表面上连续的或断续的沟槽，如图 12-10 所示。

填充金属不足是产生未焊满的根本原因。规范太弱、焊条过细、运条不当等会导致未焊满。

未焊满同样削弱了焊缝，容易产生应力集中；同时，由于规范太弱使冷却速度增大，容易带来气孔、裂纹等。

防止未焊满的措施有加大焊接电流、加焊盖面焊缝。

5. 烧穿

烧穿是指焊接过程中，熔深超过工件厚度，熔化金属自焊缝背面流出，形成穿孔性缺陷，如图 12-11 所示。

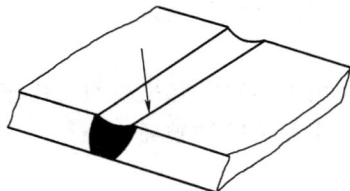

图 12-10　未焊满　　　　　　　　　　图 12-11　烧穿

焊接电流过大，速度太慢，电弧在焊缝处停留过久，都会产生烧穿缺陷。工件间隙太大，钝边太小也容易出现烧穿现象。

烧穿是锅炉压力容器产品上不允许存在的缺陷，它完全破坏了焊缝，使接头丧失其连接及承载能力。

选用较小电流并配合合适的焊接速度，减小装配间隙，在焊缝背面加设垫板或药垫，使用脉冲焊，能有效地防止烧穿。

三、气孔和夹渣

1. 气孔

气孔是指焊接时，熔池中的气体未在金属凝固前逸出，残存于焊缝之中所形成的孔穴。其气体可能是熔池从外界吸收的，也可能是焊接冶金过程中反应生成的。

（1）产生气孔的主要原因。母材或填充金属表面有锈、油污等，焊条及焊剂未烘干会增加气孔量，因为锈、油污及焊条药皮、焊剂中的水分在高温下分解为气体，增加了高温金属中气体的含量。焊接线能量过小，熔池冷却速度大，不利于气体逸出。焊缝金属脱氧不足也会增加气孔。

（2）气孔的危害。气孔减少了焊缝的有效截面积，使焊缝疏松，从而降低了接头的强度，降低塑性，还会引起泄漏。气孔也是引起应力集中的因素。氢气孔还可能促成冷裂纹。

2. 夹渣

夹渣是指焊后熔渣残存在焊缝中的现象。

（1）夹渣产生的原因有以下几点。

1）坡口尺寸不合理。

2）坡口有污物。

3）多层焊时，层间清渣不彻底。

4）焊接线能量小。

5）焊缝散热太快，液态金属凝固过快。

6）焊条药皮，焊剂化学成分不合理，熔点过高，冶金反应不完全，脱渣性不好。

7）钨极惰性气体保护焊时，电源极性不当，电流密度大，钨极熔化脱落于熔池中。

8）手工焊时，焊条摆动不良，不利于熔渣上浮。

可根据以上原因分别采取对应措施以防止夹渣的产生。

（2）夹渣的危害。点状夹渣的危害与气孔相似，带有尖角的夹渣会产生尖端应力集中，尖端还会发展为裂纹源，危害较大。

四、裂纹

焊缝中原子结合遭到破坏，形成新的界面而产生的缝隙称为裂纹。

1. 裂纹的危害

裂纹，尤其是冷裂纹，带来的危害是灾难性的。压力容器事故除极少数是由于设计不合理，选材不当的原因引起的以外，绝大部分是由于裂纹引起的脆性破坏。

2. 热裂纹（结晶裂纹）

（1）热裂纹的形成。热裂纹都是沿晶界开裂，通常发生在杂质较多的碳钢、低合金钢、奥氏体不锈钢等材料的焊缝中。

（2）影响结晶裂纹的因素。

1）合金元素和杂质的影响。碳元素及硫、磷等杂质元素的增加，会扩大敏感温度区，使结晶裂纹的产生机会增多。

2）冷却速度的影响。冷却速度增大，一是使结晶偏析加重，二是使结晶温度区间增大，两者都会增加结晶裂纹的出现机会。

3）结晶应力与拘束应力的影响。在脆性温度区内，金属的强度极低，焊接应力又使这部分金属受拉，当拉应力达到一定程度时，就会出现结晶裂纹。

（3）防止结晶裂纹的措施。

1）减小硫、磷等有害元素的含量，用含碳量较低的材料焊接。

2）加入一定的合金元素，减小柱状晶和偏析。如钼、钒、钛、铌等可以细化晶粒。

3）采用熔深较浅的焊缝，改善散热条件使低熔点物质上浮在焊缝表面而不存在于焊缝中。

4）合理选用焊接规范，并采用预热和后热，减小冷却速度。

5）采用合理的装配次序，减小焊接应力。

3. 再热裂纹

（1）再热裂纹的特征。

1）再热裂纹产生于焊接热影响区的过热粗晶区，产生于焊后热处理等再次加热的过程中。

2）再热裂纹的产生温度：碳钢与合金钢为 $500 \sim 700 ℃$，奥氏体不锈钢约为 $300 ℃$。

3）再热裂纹为晶界开裂（沿晶开裂）。

4）最易产生于沉淀强化的钢种中。

5）与焊接残余应力有关。

（2）再热裂纹的防止。

1）注意冶金元素的强化作用及其对再热裂纹的影响。

2）合理预热或采用后热，控制冷却速度。

3）降低残余应力避免应力集中。

4）回火处理时尽量避开再热裂纹的敏感温度区或缩短在此温度区内的停留时间。

4. 冷裂纹

（1）冷裂纹的特征。

1）产生于较低温度，且产生于焊后一段时间以后，故又称延迟裂纹。

2）主要产生于热影响区，也有发生在焊缝区的。

3）冷裂纹可能是沿晶开裂，穿晶开裂或者两者混合出现。

4）冷裂纹引起的构件破坏是典型的脆断。

（2）冷裂纹产生机理。

1）淬硬组织（马氏体）减小了金属的塑性储备。

2）接头的残余应力使焊缝受拉。

3）接头内有一定的含氢量。

（3）防止冷裂纹的措施。

1）采用低氢型碱性焊条，严格烘干，在 100～150℃下保存。施焊时，应放入 80～120℃的便携式保温桶内，随取随用。

2）正确选择预热温度，按照焊条说明书上的规定，并保证层间温度等于预热温度；选择合理的焊接规范，避免焊缝中出现淬硬组织。

3）选用合理的焊接顺序，减少焊接变形和焊接应力。

4）焊后及时进行消氢后热和焊后热处理。

五、未焊透

未焊透指母材金属未熔化、焊缝金属没有进入接头根部的现象，如图 12 - 12 所示。

1. 产生未焊透的原因

（1）焊接电流小，熔深浅。

（2）坡口和间隙尺寸不合理，钝边太大。

（3）磁偏吹影响。

（4）焊条偏芯度太大。

（5）层间及焊根清理不良。

2. 未焊透的危害

未焊透的危害之一是减少了焊缝的有效截面积，降低接头强度。其次，未焊透引起的应力集中所造成的危害，比强度下降的危害大得多。未焊透严重降低焊缝的疲劳强度。

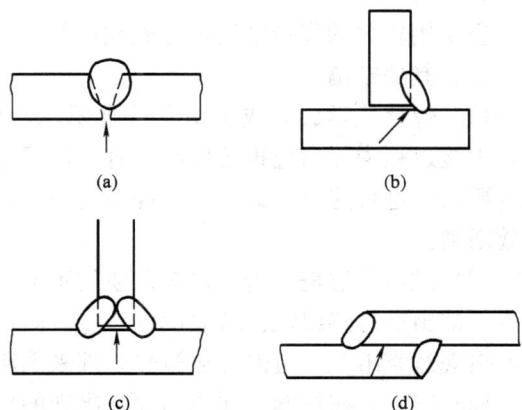

图 12 - 12　未焊透示意图

未焊透可能成为裂纹源，是造成焊缝破坏的重要原因。

3. 未焊透的防止

使用较大电流进行焊接是防止未焊透的基本方法。另外，焊角焊缝时，用交流代替直流以防止磁偏吹、合理设计坡口并加强清理、用短弧焊等措施也可有效防止未焊透的产生。

六、未熔合

未熔合是指焊缝金属与母材金属，或焊缝金属之间未熔化结合在一起的缺陷。

按其所在部位，未熔合可分为坡口未熔合、层间未熔合和根部未熔合三种，如图 12 - 13 所示。

1. 产生未熔合缺陷的原因

（1）焊接电流过小。

（2）焊接速度过快。

（3）焊条角度不对。

（4）产生了磁偏吹现象。

（5）焊接处于下坡焊位置，母材未熔化时已被铁水覆盖。

（6）母材表面有污物或氧化物影响熔敷金属与母材间的熔化结合等。

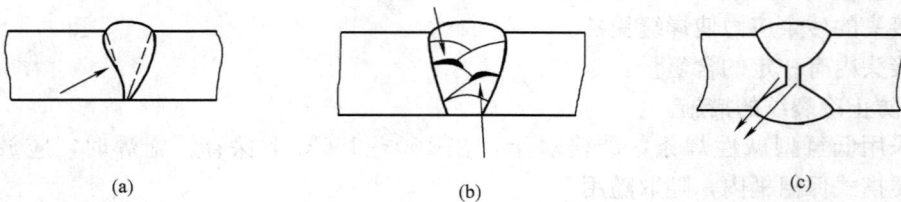

图 12 - 13　未熔合示意图
（a）坡口未熔合；（b）层间未熔合；（c）根部未熔合

2. 未熔合的危害

未熔合是一种面积性缺陷，坡口未熔合和根部未熔合对承载截面积减小的影响都非常明显，应力集中也比较明显，其危害性仅次于裂纹。

3. 未熔合的防止

应采用较大的焊接电流，正确地进行施焊操作，注意破口部位的清洁。

七、其他缺陷

（1）焊缝化学成分或组织不符合要求。焊材与母材匹配不当，或焊接、热处理规范不当，焊接过程中元素烧损等原因，容易使焊缝金属的化学成分发生变化，或导致焊缝组织不符合要求。这可能带来焊缝力学性能的下降，还会影响接头的耐蚀性能，致使焊接接头提前失效断裂。

（2）过热和过烧。若焊接规范使用不当，热影响区长时间在高温下停留，会使晶粒变得粗大，即出现过热组织。若温度进一步升高，停留时间加长，可能使晶界发生氧化或局部熔化，出现过烧组织。过热可通过热处理来消除，而过烧则是不可逆转的缺陷。

（3）白点。在焊缝金属拉断面上出现的鱼眼状的白色斑即为白点。白点是由于氢聚集而造成的，危害极大。

第五节　焊接安全技术

从事焊接工作经常与各种易燃易爆气体、压力容器和电器设备接触，焊接过程中又存在有害气体、粉尘、弧光辐射、高频电磁场、噪声、射线等对人体与环境不利的因素，稍有疏忽就会发生爆炸、火灾、烫伤、触电等工伤事故，也容易引起人身中毒、尘肺、血液、电光性眼炎、皮肤等职业病患。因此，焊接安全及劳动卫生应当引起人们的足够重视。

下面仅以常用的手工焊接方法，从不安全因素及安全防护必要措施做一简单介绍。

一、焊接用电的伤害

利用电能转变为热能的焊接方法中，应用电弧加热的焊条电弧焊和钨极氩弧焊方法最为广泛，由于经常与电打交道，所以应有一定的安全用电常识。

电焊机是实现焊条电弧焊的必备设备，电焊机的输入电压一般为 220V 或 380V、频率为 50Hz 的工业交流电源。为了焊工操作的安全，输出的空载电压均限制在 90V 以下。

我国生产的电弧焊机空载电压，直流为 55～90V，交流为 60～80V。由此看出，电焊工作经常处于带电状态下作业，随时都有电伤害的危险。

电的伤害有两种，即电伤和电击。电伤主要是对人体外部造成的局部伤害；电击是人体有电流通过，导致局部或全身触电，其伤害后果是非常严重的。

1. 电击伤害的原因

电击伤害是防护不好造成的，主要原因有以下几点。

（1）焊工更换焊条或接触焊把带电部分，身体某部位和地面或部件之间（金属容器内）隔离不好及在潮湿地带焊接。

（2）身体某部位碰到裸露带电的接头、导线。

（3）交流电焊机的一次线圈和二次线圈的绝缘损坏，身体某部位碰到二次线路的裸露部分，同时又无可靠的保护接地。

（4）电焊机外壳漏电，人体碰到焊机外壳。

2. 影响电击伤害程度的因素

一般认为，电击伤害程度与通过人体电流大小，接触时间、通过途径和人体健康状况等因素有关。

（1）电流大小是决定伤害程度的关键因素。实验表明：工频（50Hz）交流电 1mA 或直流电 5mA 的电流通过人体后，将引起酥麻的感觉，但神志清醒，自己尚能摆脱带电体，故有关安全规程将此值定为安全电流值。当通过人体的电流超过安全值，交流电达到 20～25mA 或直流电流达到 80mA 及以上时，人会发生昏迷、剧痛和呼吸困难，触电者自己不能摆脱电源，有生命危险。

（2）电流通过人体的时间是电击伤害程度的重要因素。触电时，由于受电流的作用，人体逐渐被加热，电阻下降，皮肤易被击穿。作用时间越长，人体电阻值越低，触电后果越严重。

（3）电流通过人体的途径与电击伤害程度有直接关系。一般认为，通过心脏、肺部和中枢神经系统的电流越大电击损伤的程度也越大，特别是电流通过心脏的危险性最大。

（4）人体健康状况和精神状态对触电的严重性有极大的关系。身体患有疾病者（如心脏病、肺病、内分泌失常、神经系统）及酒醉者，触电后都有极大的危险，伤害程度也比较严重，主要是这些器官或系统已处于病态，经受不住电流冲击所致。

（5）电流频率对电击伤害程度影响很大。焊接设备是按工频交流电 50Hz 设计的，从安全角度讲，这种电的频率对人最为危险。有资料表明：频率在 20～40Hz 范围内对心脏的损害最大，低于这个频段，危险相对减少；2000Hz 以上时，死亡的危险降低，但高频电流易引起皮肤灼伤。

3. 用电安全措施

针对焊接工作触电事故发生的原因及影响的因素，必须采取有效的预防措施和严格按有关安全规定进行。否则后果是严重的。

在电焊操作中为防止人体触及带电体，一般采取绝缘屏护、间隔、自动断电、个人防护等安全措施。

（1）间隔防护。间隔防护是避免接触带电体的必要措施，保证操作者与带电体的距离。

（2）绝缘防护。绝缘不仅是保证电焊设备和线路正常工作的必要条件，也是防止触电事故的重要措施。

（3）个人防护。由于电焊设备的空载电压超过安全电压值的 2～5 倍，触电危险性时常存在，除采取安全措施外，焊工还必须加强在工作中防止触电的个人防护。

个人防护用具包括绝缘手套、绝缘胶鞋、完好的工作服、绝缘垫等。

4. 触电的紧急救护

（1）发生触电事故时的注意事项。

1）切勿惊慌失措，应立即使触电者脱离带电体，并注意救护者自身安全。

2）及时对触电者施行急救措施，并请医生救治。

（2）使触电者脱离电源的措施。

1）立即切断电源开关或用绝缘钳子切断电源线。

2）如果来不及切断电源时，救护人员可用干燥的绝缘物（如干衣服、手套、绳子、木板等），将带电体拉开。

3）触电者紧握带电体时，可用干燥木把工具切断电源，或用木板等绝缘物插入触电者身下，隔断电源。

4）触电者脱离电源后，要防止摔伤，高空作业尤应注意。

（3）触电者脱离电源后，应尽可能在现场抢救。

1）若触电者失去知觉，但心脏尚在跳动，并有微弱呼吸时，应使触电者舒适地平卧，四周不得围人，保持空气畅通。解开触电者的上衣，以利呼吸，摩擦全身，使其发热（冬天注意保暖）。

2）若发现触电者呼吸困难、抽筋、恶心现象，甚至无心脏跳动或呼吸停止时，应立即进行人工氧合，用人工的方法恢复心脏跳动和呼吸，同时，速请医生诊治。

二、电焊弧光防护安全技术

电弧焊过程中，不仅有强烈而炽热的可见弧光，而且还有看不见的红外线和紫外线，这些光线均属热线谱，如不注重防护，将造成弧光伤害。

1. 弧光伤害的原因及影响

电弧焊的电弧温度高达 6000～8000℃并产生强烈的电焊弧光，由可见的白炽光和不可见的红外线、紫外线组成。

2. 弧光伤害程度

（1）可见光。由于光线强烈，对眼睛刺激很大，短时间会使眼睛发花、视物不清，过后可恢复正常，长时间强烈照射，会引起视力减退。

（2）紫外线。紫外线能使人体裸露的皮肤形成"晒斑"，直接照射 1～3h，会使皮肤灼伤，像太阳晒过一样，先变成红色，以后逐渐脱皮。眼睛受紫外线影响会感到疲乏，接触次数增多，就会产生畏光、流泪、眼睛红肿、疼痛如有磨砂之感，不能入睡，这种症候叫电光性眼炎（俗称"打眼"），但持续 1～2min 就会慢慢好转，对眼睛不会造成永久性伤害。

（3）红外线。红外线伤害程度与作用时间的长短关系极大，短时间作用皮肤会出现灼热感觉，长期作用会使人体温度升高，引起头疼、眩晕或呕吐甚至引起视觉失常，形成红外线内障和视网膜灼伤，对人体可造成永久性的伤害。

3. 弧光伤害程度的影响因素

弧光对人体的皮肤和眼睛伤害程度，与下列因素有关。

（1）焊接电流大小。焊接电流强度越大，产生的亮度越强，对人体伤害程度也越严重。

（2）焊接方法。在明弧焊中，如光的波长在 0.000 32mm 以下时，等离子焊弧光紫外线伤害最强，约为手工焊的 3.6～95 倍，钨极氩弧焊约为手工焊的 5～30 倍，二氧化碳气体保护焊约为手工焊的 2～3 倍，手工电弧焊伤害最轻。

（3）人体与弧光的距离及照射时间。人体与电弧越近，对人体的伤害越严重，一般在 10m 以外时，弧光伤害就不十分明显了。照射时间越长，弧光对人体伤害就越严重。此外，光线与眼睛角膜的投射角度也有很大的关系，直角影响最大；偏斜度越大，对眼膜作用越小。

4. 防护方法

弧光对人体的伤害是可以利用专用用具或设施防护的，防护用具或设施越完善，防护效果也越好，伤害程度也越小。

为了防止弧光对人眼睛和皮肤的伤害，电焊工应配齐满足防护要求的用具，基本防护用具有面罩、护目镜片、电焊手套、工作服等。

（1）面罩。面罩应符合防护技术条件要求，按其形式和用途可分为两种，一种为手柄式（盾式）面罩，这种面罩由于灵活方便应用较为广泛。但这种面罩在氩弧焊和高空作业以及需要双手同时工作的情况下，有很大的不便。所以，还有另一种套头式（盔式）面罩。这种面罩应能直接隔离弧光，使焊工面部皮肤得到保护，不被弧光灼伤。

（2）滤光护目镜片。滤光护目镜片直接镶嵌在面罩上，能全面隔离电弧弧光中对眼睛非常有害的紫外线和红外线，并能阻留热射线不被穿入和降低可见光亮度的作用。

（3）电焊手套及工作服。为防止弧光和飞溅的金属、熔渣伤害皮肤，焊工在工作时，必须对全身进行妥善的防护。

1）防护手套应为皮质，且质地柔软。袖子段可用帆布制作，长度不小于 300mm。所有接口缝合处应严密，不能掉入火星。

2）焊工应穿戴好工作服、工作帽、鞋盖等有效的防护用品。工作服应使用表面平整、反射系数大的纺织品制作。

　　3）穿戴中，绝不允许将袖口卷起，衣领不得敞开，裤子要有足够的长度，以免裸露部分被弧光灼伤。

　　4）为避免飞溅金属飞入裤内致伤，上衣不应塞入裤内，裤脚亦应散开，不得塞入靴子或绝缘鞋里。

　　5. 焊工在工作前应注意的事项

　　（1）为保护焊接场所其他工作人员不受弧光伤害，焊工在引弧前应观察周围环境，并事先发出信号，方可开始工作。

　　（2）在条件允许的情况下，焊接作业场所应尽量设置防护屏障。

三、金属烟尘和有害气体防护安全技术

　　焊接操作中会产生大量金属烟尘，并会有许多细小的固体微粒，直径小于 $0.1\mu m$ 的称为烟雾，直径为 $0.1\sim10\mu m$ 的称为粉尘。这种飘浮于空气中的烟雾和粉尘的微粒，一般也称为"气溶胶"。

　　1. 金属烟尘的来源

　　（1）金属元素的蒸发。焊接电弧温度很高远远超过金属的沸点，金属元素必定被蒸发。从焊缝化学成分分析看出，施焊后的焊缝金属成分中，锰、碳、硅的含量都比原材有所减少，其原因除了冶金过程中消耗掉外，焊条熔化铁水向熔池过渡时，也被空气氧化而形成金属烟尘。

　　（2）焊条药皮的蒸发和氧化。焊条药皮是由一定数量和不同用途的矿石、铁合金、化工原料、有机物等混合组成，这些原料的熔点和沸点较金属为低，在高温作用下，易蒸发和氧化而形成烟尘。

　　2. 焊接烟尘的危害

　　焊接烟尘的成分非常复杂，不同焊接方法所产生的烟尘成分及危害也不相同，但对人体有危害是肯定的。

　　黑色金属焊接中，手工电弧焊和二氧化碳气体保护焊所产生的有害粉尘主要是锰、碳、硅，而影响人体最大的则是锰，铁和硅是较小的，但其尘粒极细，在空气中停留的时间较长，容易吸入肺内造成病患。铝和铝合金焊接中，采用氢氩焊时，细小的铝尘也易吸入肺内。因此，在烟尘浓度较大的情况下，如没有相应的防护、排尘措施，长期接触，能引起焊工尘肺、锰中毒和"金属热"等职业性危害。

　　3. 有害气体的来源和组成

　　有害气体是经过呼吸道进入人体的，能引起人体中毒。在焊接电弧高温的强烈紫外线作用下，电弧周围气体被大量地破坏，形成多种有害气体，其中主要有臭氧、氮氧化物、一氧化碳、氟化氢等。

　　4. 金属烟尘和有害气体防护防护措施

　　（1）改革工艺和焊条。为改善焊工的工作环境与条件，应尽量采用先进的自动焊接设备和工艺取代手工电弧焊，这是消除手工电弧焊工职业性危害的根本措施。其次是在自动焊接工艺尚不能普遍应用的情况下，应下大工夫改革焊条制作的组成成分，以使电焊烟尘的有害物质降至最低。

　　（2）改善工作场所环境条件。

　　1）室内作业时，要求车间宽敞，空气自然流动条件良好。

2）在施焊空间小的环境里，应设置机力通风设备及时排除电焊烟尘，使烟尘浓度降至最低或符合国家卫生标准要求。

（3）加强个人防护措施。个人防护措施的好坏对防止有害气体和粉尘的危害具有重要意义。正确合理地配备及使用防护用品是最为关键的。对电焊烟尘而言，个人防护主要是包括对眼、耳、口、鼻、身等各方面的有效防护，尤其对口、鼻器官的防护是至关重要的。为了防止电焊烟尘和烟气吸入人体，焊工一般均配有防护口罩。防护口罩分为一般、送风和分子筛三种，可根据焊接方法、焊接材质和具体环境选定。

（4）搞好卫生保健。

1）对工作场所应定期检查，测定焊接作业环境烟尘量的浓度，应符合国家卫生标准规定。

2）对过于狭窄、通风不良又无排烟尘装置的焊接工作场所进行手工电弧焊接时，可适当缩短工作时间或采取轮班作业的方法，以使焊工遭受烟尘损害程度降低。

3）从事手工电弧焊的焊工，每隔1～2年应进行定期身体检查，如发现危及健康的病状时，应及时治疗。有中毒症状者，应迅速调离岗位，停止电焊工作，并予以认真的治疗。

思　考　题

12-1　焊接的定义是什么？焊接方法有哪些分类？

12-2　焊接接头由哪几部分的组成？

12-3　焊接接头有哪些特点？

12-4　电焊条的组成是怎么样的？对其质量要求如何？

12-5　有哪些焊接方法？

12-6　钨极氩弧焊有哪些优点？

12-7　焊接缺陷有哪些危害？

12-8　焊接安全技术都包括哪些内容？

技　能　训　练

焊条电弧焊焊接技术训练

1. 电焊机的接线方法如图12-14所示

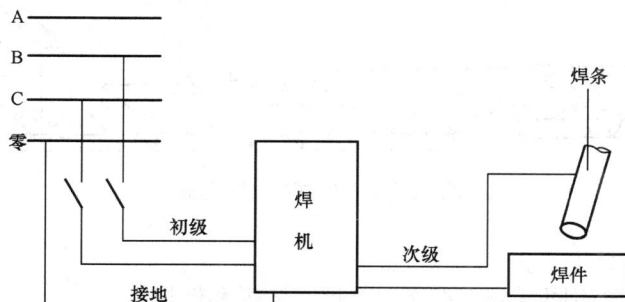

图12-14　电焊机的接线方法

2. 电弧的引燃方法

焊条电弧焊的引燃方法是采用接触法。具体应用时又可分为划擦法和敲击法两种。划擦法引弧动作似划火柴，易于掌握，但容易损坏焊件表面。敲击法引弧由于焊条端部与焊件接触时处于相对静止的状态，操作不当容易造成焊条粘住焊件。此时，只要将焊条左右摆动几下就可以脱离焊件。

3. 运条

电弧引燃后，迅速将焊条提起 2～4mm 进行焊接，焊接时有三个基本动作。

（1）焊条中心向熔池逐渐送进，以维持一定的弧长，焊条的送进速度应与焊条熔化的速度相同。否则会产生断弧或焊条与焊件粘连现象。

（2）焊条的横向摆动，以获得一定的焊缝宽度。

（3）焊条沿焊接方向逐渐移动，移动速度的快慢影响焊缝的成形。

4. 焊条电弧常用的运条方法

（1）直线形运条法（——————➤）。直线形运条方法由于焊条不做横向摆动，电弧较稳定能获得较大的熔深，但焊缝的宽度较窄。

（2）锯齿形运条法（〰〰〰〰）。锯齿形运条法是焊条端部要做锯齿形摆动，并在两边稍作停留（但要注意防止咬边）以获得合适的熔宽。

（3）环形运条法（◯◯◯◯◯◯◯）。环形运条法是焊条端部要做环形摆动。

5. 焊缝的起头和收尾

（1）焊缝的起头。焊缝的起头就是指开始焊接的部分，由于引弧后不可能迅速使这部分金属温度升高。所以起点部分的熔深较浅，焊缝余高较高。为了减少这种现象，可以采用较长的电弧对焊缝的起头处进行必要的预热，然后适当地缩短电弧的长度再转入正常焊接。

（2）焊缝的收尾。焊缝的收尾时由于操作不当往往会形成弧坑，降低焊缝的强度，产生应力集中或裂纹。为了防止和减少弧坑的出现，焊接时通常采用以下三种方法。

1）划圈收弧法。适合于厚板焊接的收尾。

2）反复断弧收尾法，适合于薄板和大电流焊接的收尾。

3）回焊收弧法，适合于碱性焊条的收尾。

6. 焊缝的接头形式

手工电弧焊的接头形式有对接、搭接、角接和 T 形接四种，如图 12-15 所示。

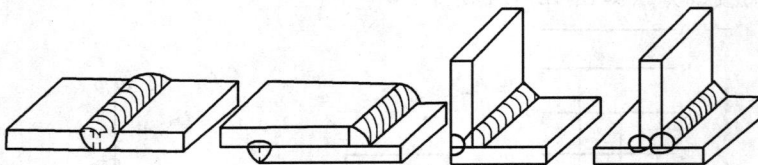

图 12-15 焊缝的接头形式

7. 焊缝的空间位置

按焊缝的空间位置不同可分为平焊、立焊、横焊和仰焊。

（1）平焊：水平面的焊接，如图 12-16（a）所示。

（2）立焊：垂直平面，垂直方向上的焊接，如图 12-16（b）所示。

（3）横焊：垂直平面，水平方向上的焊接，如图 12-16（c）所示。

（4）仰焊：倒悬平面，水平方向上的焊接，如图 12-16（d）所示。

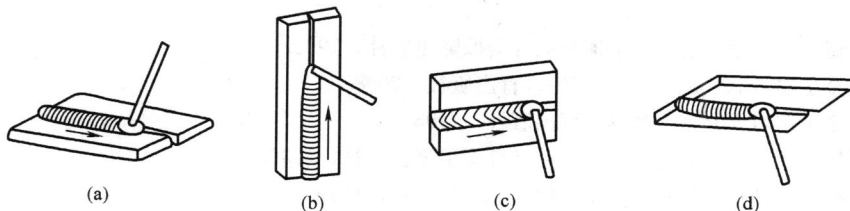

图 12-16　焊缝的空间位置

8. 坡口形状

对接接头是应用最多的接头形式。当被焊工件较薄（板厚小于 6mm）时，在焊接接头处只要留有一定间隙就能保证焊透。当焊件厚度大于 6mm 时，为了保证能焊透按板厚的不同，需要在接头处开出一定形状的坡口。对接接头常见的坡口形状如图 12-17 所示。

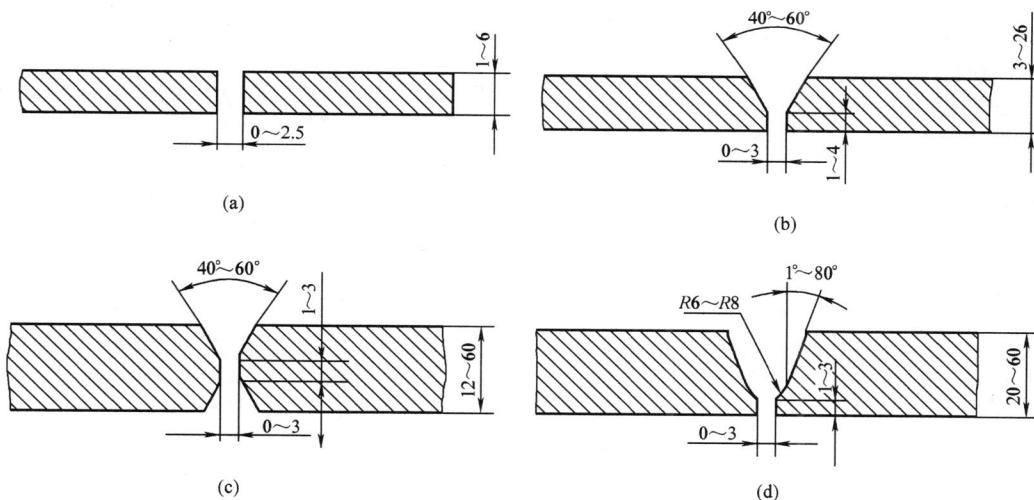

图 12-17　对接接头常见的坡口形状

（a）I 形坡口；（b）Y 形坡口；（c）双 Y 形坡口；（d）U 形坡口

以上实习内容是电焊的基本操作技能，只有认真、刻苦地练习，才能掌握电焊的操作要领。

参 考 文 献

[1] 王兴民．钳工工艺学．北京：中国劳动社会保障出版社，1996.

[2] 金禧德．金工实习．3 版．北京：高等教育出版社，2008.

[3] 李永增．金工实习．北京：高等教育出版社，1996.

[4] 刘汉蓉．钳工生产实习．北京：中国劳动社会保障出版社，1999.

[5] 郭庆荣．初级工具钳工技术．北京：机械工业出版社，1999.

[6] 卞铭甲．金工实习教材．上海：上海交通大学出版社，1989.

[7] 单清琴．钳工常识．北京：机械工业出版社，1999.

[8] 薛迪甘．焊接概论．3 版．北京：机械工业出版社，2008.

[9] 陈刚．钳工．北京：中国劳动社会保障出版社，1999.

[10] 张玉忠．钳工实训．北京：清华大学出版社，2006.

[11] 王福贵．钳工工艺实习．北京：北京科学技术出版社，1993.